U0306168

内蒙古自治区燕麦藜麦产业发展报告

(2020-2022年)

◎ 王凤梧　孙娟娟　主编

中国农业科学技术出版社

图书在版编目（CIP）数据

内蒙古自治区燕麦藜麦产业发展报告 . 2020–2022 年 / 王凤梧，孙娟娟主编 . -- 北京：中国农业科学技术出版社，2023.12
ISBN 978-7-5116-6534-8

Ⅰ. ①内… Ⅱ. ①王… ②孙… Ⅲ. ①燕麦 – 作物经济 – 经济发展 – 研究 – 内蒙古 – 2020–2022 ②麦类作物 – 作物经济 – 经济发展 – 研究 – 内蒙古 – 2020–2022 Ⅳ. ① F326.11

中国国家版本馆 CIP 数据核字（2023）第 223867 号

责任编辑 陶 莲
责任校对 贾若妍 李向荣
责任印制 姜义伟 王思文

出 版 者 中国农业科学技术出版社
北京市中关村南大街 12 号 邮编：100081
电 话 （010）82109705（编辑室）（010）82109704（发行部）
（010）82109709（读者服务部）
网 址 https://castp.caas.cn
经 销 者 各地新华书店
印 刷 者 北京建宏印刷有限公司
开 本 210mm × 285mm 1/16
印 张 9
字 数 204 千字
版 次 2023 年 12 月第 1 版 2023 年 12 月第 1 次印刷
定 价 128.00 元

内蒙古自治区燕麦藜麦产业发展报告

（2020—2022年）

编委会

主　编　王凤梧　孙娟娟

副主编　张志芬　米俊珍　赵宝平　冯小慧

郑成忠　张子臻

编　委　（按照拼音首字母排序）

高欣梅　韩　冰　贺鹏程　李　瑞　刘瑞香　罗保华

琦明玉　王欣欣　徐进莲　叶　录　余奕东　张　杰

张笑妹　张笑宇

前 言

为进一步落实“藏粮于地、藏粮于技”的国家战略举措，强化内蒙古燕麦藜麦产业科技自主创新和服务能力、引领和支撑内蒙古燕麦藜麦产业高质量发展，推进新时代乡村振兴，2023 年 6 月 2 日，在内蒙古自治区农牧厅的领导下，内蒙古自治区燕麦藜麦产业技术创新推广体系正式成立启动。

为摸清内蒙古燕麦藜麦产业的“家底”，瞄准体系攻关方向聚力前行；同时也为了更好地掌握当前内蒙古燕麦藜麦发展形势，给长期以来从事、支持和关心燕麦藜麦产业发展的各有关部门和广大工作者提供一个了解、研究内蒙古燕麦藜麦产业经济发展情况的渠道，内蒙古自治区燕麦藜麦产业技术创新推广体系安排部署了 8 位岗位专家和 8 位综合试验站站长，对各自区域的相关产业情况进行调研与统计，在此基础上我们对 2020—2022 年内蒙古各盟市燕麦藜麦产业的统计资料进行了汇总和整理，编写了《内蒙古自治区燕麦藜麦产业发展报告（2020—2022 年）》，以供读者作为工具书进行查阅。

本书内容共七章，分别为内蒙古燕麦藜麦产业发展现状、内蒙古燕麦藜麦科研概况、内蒙古燕麦藜麦各产区产业发展优势和存在问题、内蒙古燕麦藜麦产业发展政策、内蒙古燕麦藜麦加工与品牌建设情况、内蒙古燕麦藜麦龙头企业介绍、内蒙古燕麦藜麦产业发展趋势与建议。

由于编写时间仓促，加之水平有限，难免出现疏漏，敬请读者不吝批评指正。

本报告由内蒙古自治区燕麦藜麦产业技术创新推广体系经费支持，在此表示衷心感谢。

编 者

2023 年 12 月

目录

第一章

内蒙古燕麦藜麦产业发展现状

第一节　粮用燕麦

一、基本生产情况

2020 年，内蒙古自治区（以下简称内蒙古）粮用燕麦种植面积 239.48 万亩（1 亩≈ 667 m^2，全书同），总产量 28.49 万 t，平均单产 119 kg/ 亩。种植粮用燕麦的盟市有 8 个，分别为呼伦贝尔市、兴安盟、通辽市、赤峰市、锡林郭勒盟、乌兰察布市、呼和浩特市和包头市（表 1–1）。粮用燕麦种植面积和产量位居第一位的是乌兰察布市，分别为 96.33 万亩和 9.90 万 t，分别占到全区总面积和总产量的 40%（图 1–1）和 35%（图 1–2）；种植面积和产量位居前三位的还有锡林郭勒盟和呼和浩特市。

表 1–1　2020 年内蒙古各盟市粮用燕麦种植面积及产量

盟市	呼伦贝尔市	兴安盟	通辽市	赤峰市	锡林郭勒盟	乌兰察布市	呼和浩特市	包头市
种植面积 / 万亩	13.81	5.00	3.86	16.9	76.15	96.33	24.80	2.63
产量 / 万 t	2.90	0.83	0.75	2.05	8.00	9.90	3.70	0.36
单产 /（kg/ 亩）	210	166	194	121	105	103	149	137

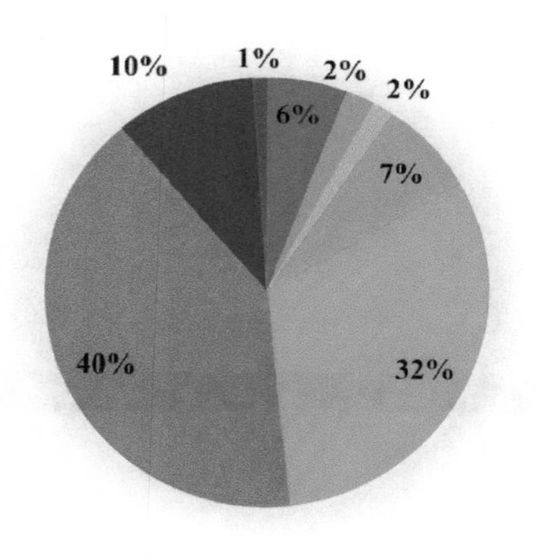

图 1–1　2020 年内蒙古各盟市粮用燕麦种植面积占比

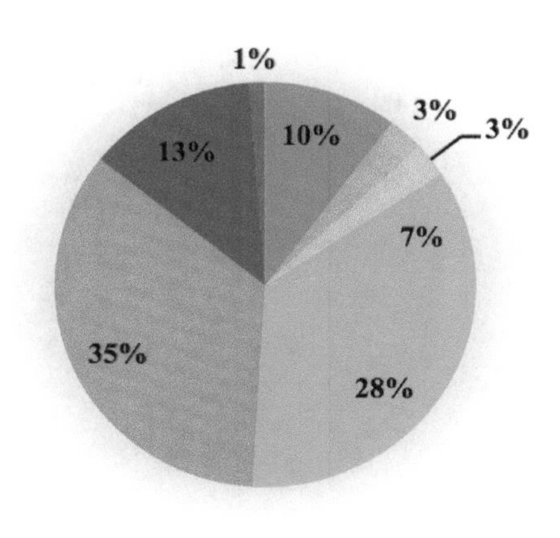

图 1–2　2020 年内蒙古各盟市粮用燕麦产量占比

2021 年，内蒙古粮用燕麦种植面积 262.10 万亩，总产量 30.59 万 t，平均单产 116 kg/ 亩。种植面积比 2020 年度增加 22.62 万亩，增加 9.45%；总产量比上一年度增加 2.10 万 t，增加 7.37%。种植粮用燕麦的盟市有 8 个，分别为呼伦贝尔市、兴安盟、通辽市、赤峰市、锡林郭勒盟、乌兰察布市、呼和浩特市和包头市（表 1–2）。粮用燕麦种植面积和产量位居第一位的是乌兰察布市，分别为 106.71 万亩和 10.40 万 t，分别占到全区总面积和总产量的 41%（图 1–3）和 34%（图 1–4）；种植面积和产量位居前三位的还有锡林郭勒盟和呼和浩特市。

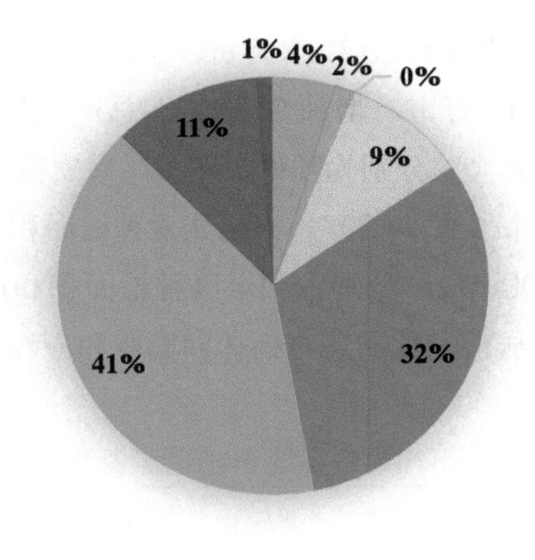

图 1–3　2021 年内蒙古各盟市粮用燕麦种植面积占比

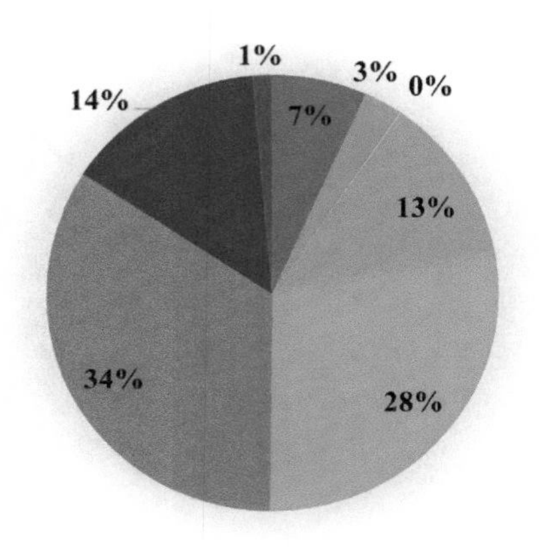

图 1–4　2021 年内蒙古各盟市粮用燕麦产量占比

表 1–2　2021 年内蒙古各盟市粮用燕麦种植面积及产量

盟市	呼伦贝尔市	兴安盟	通辽市	赤峰市	锡林郭勒盟	乌兰察布市	呼和浩特市	包头市
种植面积 / 万亩	11.40	4.94	0.30	23.67	82.85	106.71	29.4	2.83
产量 / 万 t	2.08	0.83	0.05	3.80	8.60	10.40	4.41	0.42
单产 /（kg/ 亩）	182	168	167	161	104	97	150	148

2022 年，内蒙古粮用燕麦种植面积 288.01 万亩，总产量 28.94 万 t，平均单产 100 kg/ 亩。种植面积比 2021 年度增加 25.91 万亩，增加 9.89%；总产量比上一年度减少 1.65 万 t，减少 5.39%。种植粮用燕麦的盟市有 8 个，分别为呼伦贝尔市、兴安盟、通辽市、赤峰市、锡林郭勒盟、乌兰察布市、呼和浩特市和包头市（表 1–3）。粮用燕麦种植面积和产量位居第一位的是乌兰察布市，分别为 120.96 万亩和 10.00 万 t，分别占到全区种植面积和产量的 42%（图 1–5）和 35%（图 1–6）；种植面积和产量位居前三位的还有锡林郭勒盟和赤峰市。

表 1–3　2022 年内蒙古各盟市粮用燕麦种植面积及产量

盟市	呼伦贝尔市	兴安盟	通辽市	赤峰市	锡林郭勒盟	乌兰察布市	呼和浩特市	包头市
种植面积 / 万亩	11.00	4.00	4.12	39.71	76.44	120.96	27.30	4.48
产量 / 万 t	2.14	0.66	0.90	3.90	8.74	10.00	2.27	0.33
单产 /（kg/ 亩）	195	165	218	98	114	83	83	74

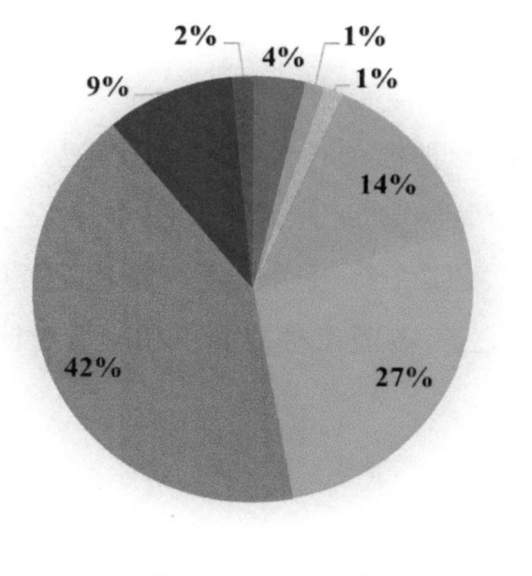

图 1-5　2022 年内蒙古各盟市粮用燕麦种植面积占比

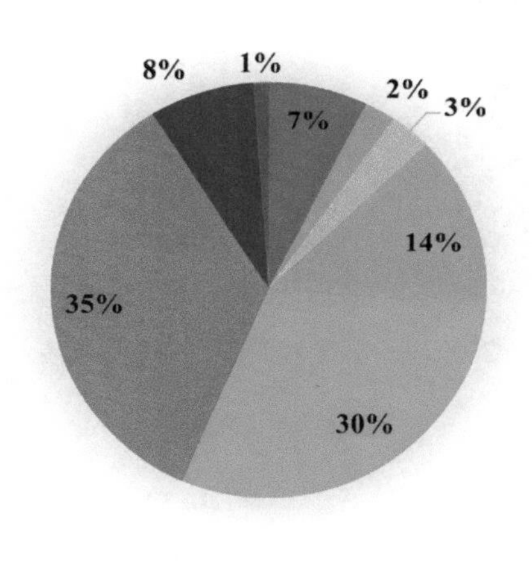

图 1-6　2022 年内蒙古各盟市粮用燕麦产量占比

二、主要种植品种

白燕 1 号、白燕 2 号、白燕 7 号、远杂 1 号、内燕 5 号、燕科 1 号、坝莜 1 号、坝莜 2 号、坝莜 6 号、坝莜 8 号、坝莜 14 号、坝莜 18 号、坝莜 20 号、花早 2 号、花早 6 号、三分三、蒙燕 1 号等。

三、2020—2022 年生产情况

2020—2022 年内蒙古粮用燕麦种植面积呈稳步上升趋势，2021 年种植面积比 2020 年增加 9.45%，2022 年种植面积比 2021 年增加 9.89%（图 1-7）。然而，2020—2022 年内蒙古粮用燕麦产量呈先上升后下降趋势，2021 年粮用燕麦产量比 2020 年增加 7.37%，2022 年产量比 2021 年降低 5.39%（图 1-8）。三年各盟市种植面积和产量对比见图 1-9 和图 1-10。

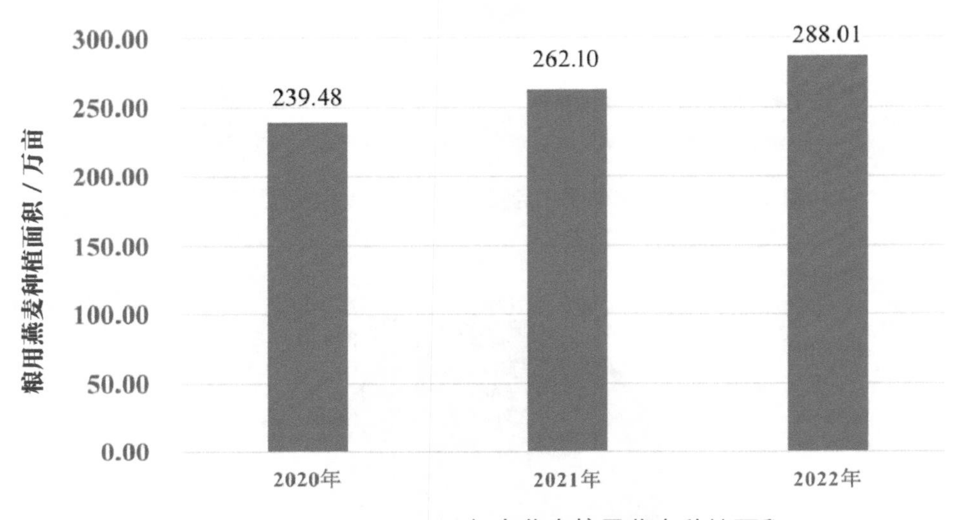

图 1-7　2020—2022 年内蒙古粮用燕麦种植面积

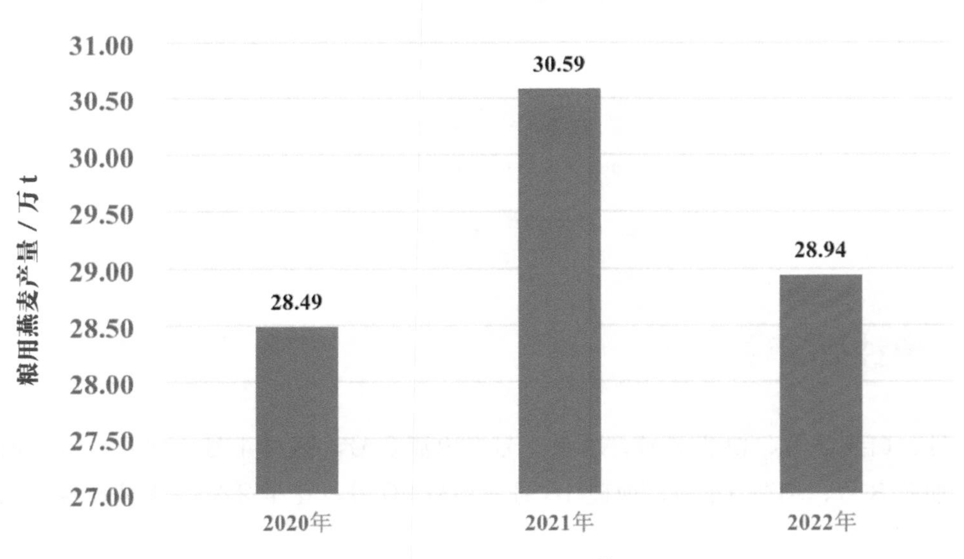

图 1-8　2020—2022 年内蒙古粮用燕麦产量

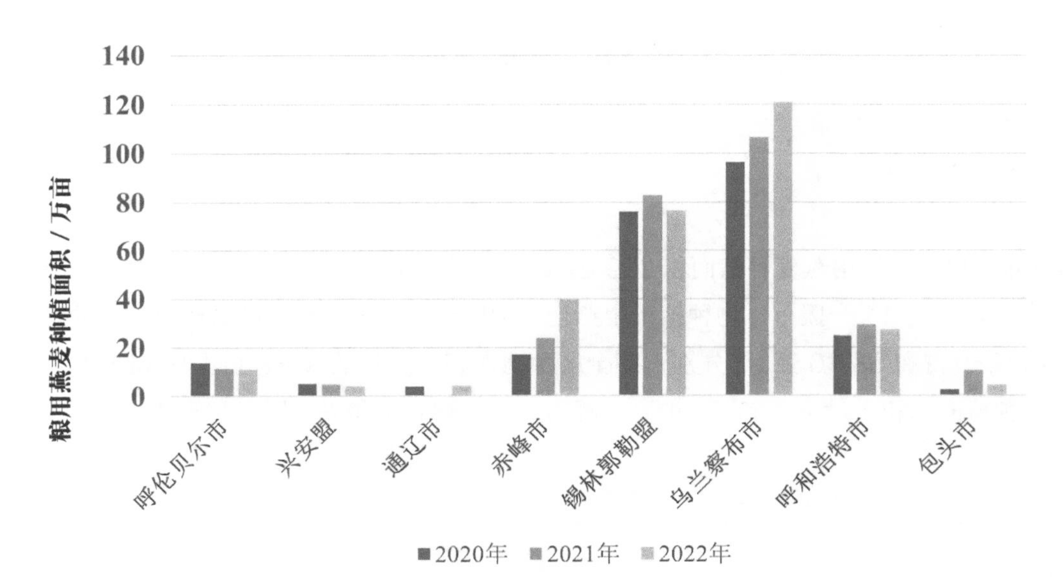

图 1-9　2020—2022 年内蒙古各盟市粮用燕麦种植面积

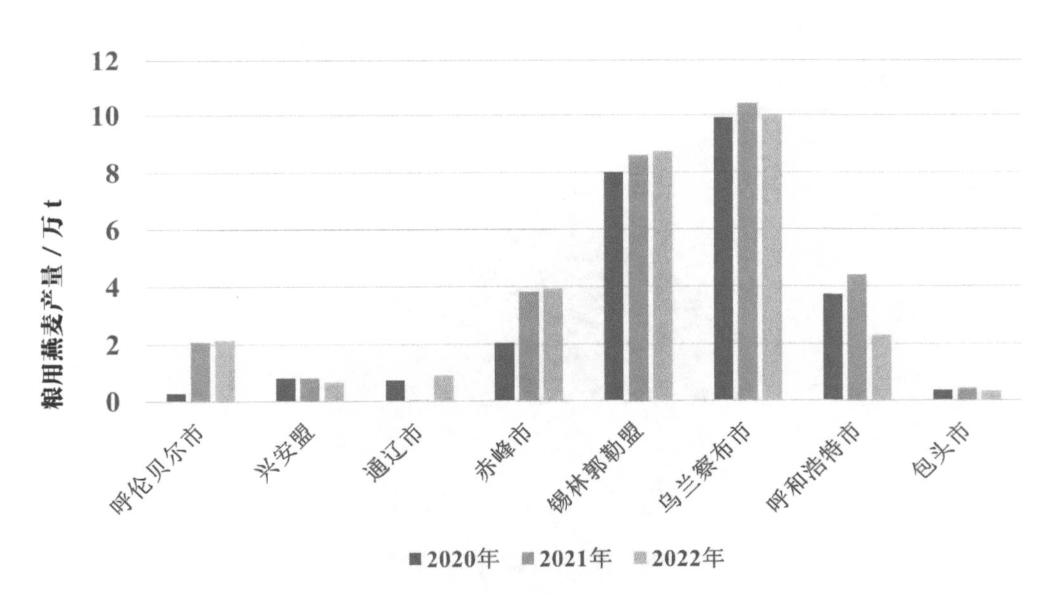

图 1-10　2020—2022 年内蒙古各盟市粮用燕麦产量

第二节　饲用燕麦

一、基本生产情况

2020 年，内蒙古饲用燕麦种植面积 229.87 万亩，总产量 126.64 万 t，平均单产 551 kg/ 亩。除乌海市之外，其他 11 个盟市，均种植饲用燕麦。饲用燕麦种植面积和产量居第一位的是赤峰市，分别为 70.76 万亩和 53.10 万 t，分别占到全区种植面积和产量的 31%（图 1-11）和 42%（图 1- 12）；种植面积和产量位居前三位的是赤峰市、乌兰察布市和兴安盟，见表 1-4。

表 1-4　2020 年内蒙古各盟市饲用燕麦种植面积及产量

盟市	呼伦贝尔市	兴安盟	通辽市	赤峰市	锡林郭勒盟	乌兰察布市	呼和浩特市	包头市	鄂尔多斯市	巴彦淖尔市	阿拉善盟
种植面积 / 万亩	29.30	25.00	9.50	70.76	9.84	68.17	7.40	5.34	1.50	3.00	0.06
产量 / 万 t	7.20	12.50	5.13	53.10	3.61	36.45	3.70	2.52	0.75	1.65	0.03
单产 /（kg/ 亩）	246	500	540	750	367	535	500	472	500	550	537

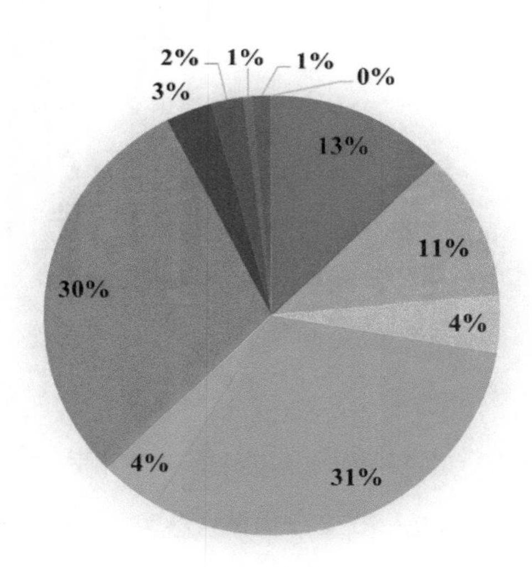

图 1-11　2020 年内蒙古各盟市饲用燕麦种植面积占比

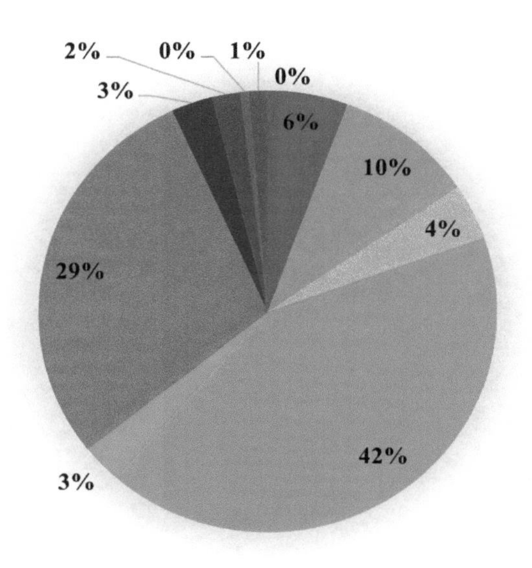

图 1–12　2020 年内蒙古各盟市饲用燕麦产量占比

2021 年，内蒙古饲用燕麦种植面积 169.57 万亩，总产量 88.32 万 t，平均单产 521 kg/ 亩。种植面积、总产量和单产均较 2020 年有所下降，种植面积比 2020 年下降 60.30 万亩，下降 26.23%，产量比 2020 年下降 38.32 万 t，下降 30.26%，单产比 2020 年下降 30 kg/ 亩，下降 5.62%。除乌海市之外，其他 11 个盟市，均种植饲用燕麦（表 1–5）。饲用燕麦种植面积居第一位的是乌兰察布市，种植面积占到全区种植面积的 26%（图 1–13），而饲用燕麦产量居第一位的是赤峰市，产量占到全区产量的 29%（图 1–14）。种植面积位居前三位的还有赤峰市和呼伦贝尔市，产量位居前三位的还有乌兰察布市和呼伦贝尔市。

表 1–5　2021 年内蒙古各盟市饲用燕麦种植面积及产量

盟市	呼伦贝尔市	兴安盟	通辽市	赤峰市	锡林郭勒盟	乌兰察布市	呼和浩特市	包头市	鄂尔多斯市	巴彦淖尔市	阿拉善盟
种植面积 / 万亩	31.36	11.00	3.00	36.14	20.8	43.58	9.00	5.77	2.30	5.90	0.72
产量 / 万 t	11.26	5.50	1.50	25.29	10.83	21.98	4.5	2.92	1.15	3.02	0.37
单产 /（kg/ 亩）	359	500	500	700	521	504	500	506	500	512	514

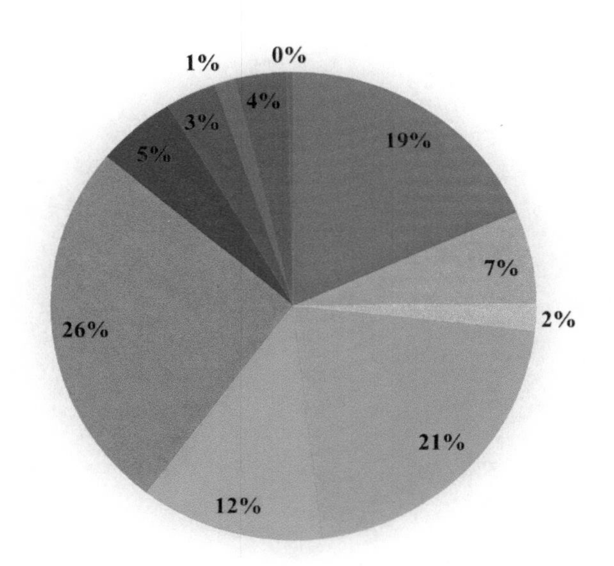

图 1–13　2021 年内蒙古各盟市饲用燕麦种植面积占比

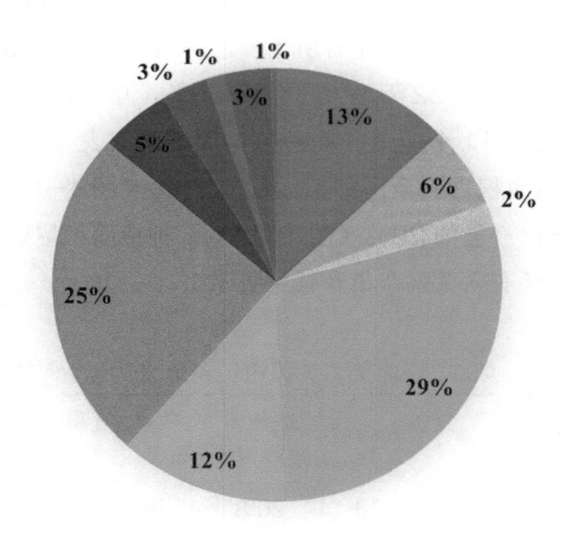

图 1–14　2021 年内蒙古各盟市饲用燕麦产量占比

2022年，内蒙古饲用燕麦种植面积225.41万亩，总产量114.07万t，平均单产506 kg/亩。种植面积和总产量较2021年有所增加，种植面积比2021年增加55.84万亩，增加32.93%，产量比2021年增加25.75万t，增加29.16%，单产比2021年下降14.74 kg/亩，下降2.83%。除乌海市之外，内蒙古其他11个盟市均种植饲用燕麦（表1-6）。饲用燕麦种植面积第一位的是乌兰察布市，占全区饲用燕麦种植面积的22%（图1-15），饲用燕麦产量居第一位的是赤峰市25%（图1-16）。种植面积位居前三位的还有锡林郭勒盟和赤峰市，产量位居前三位的还有乌兰察布市和锡林郭勒盟。

表1-6　2022年内蒙古各盟市饲用燕麦种植面积及产量

盟市	呼伦贝尔市	兴安盟	通辽市	赤峰市	锡林郭勒盟	乌兰察布市	呼和浩特市	包头市	鄂尔多斯市	巴彦淖尔市	阿拉善盟
种植面积/万亩	17.5	14.4	20.65	32.68	41.53	49.04	18.70	9.10	5.24	14.18	2.38
产量/万t	7.26	7.92	12.52	28.56	13.91	22.10	8.40	2.44	2.70	7.06	1.20
单产/（kg/亩）	415	550	606	874	335	451	449	268	515	498	504

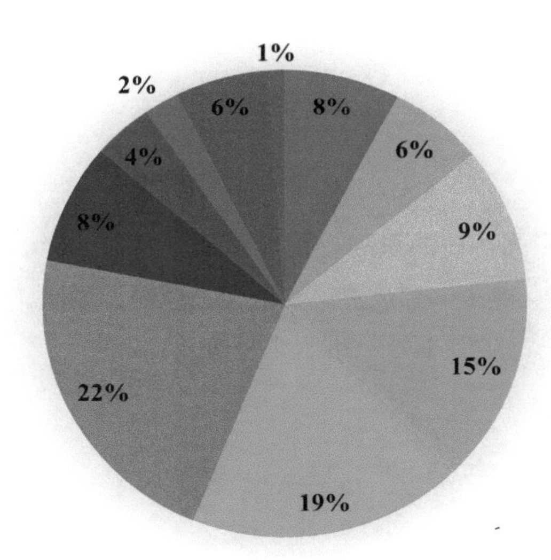

图1-15　2022年内蒙古各盟市饲用燕麦种植面积占比

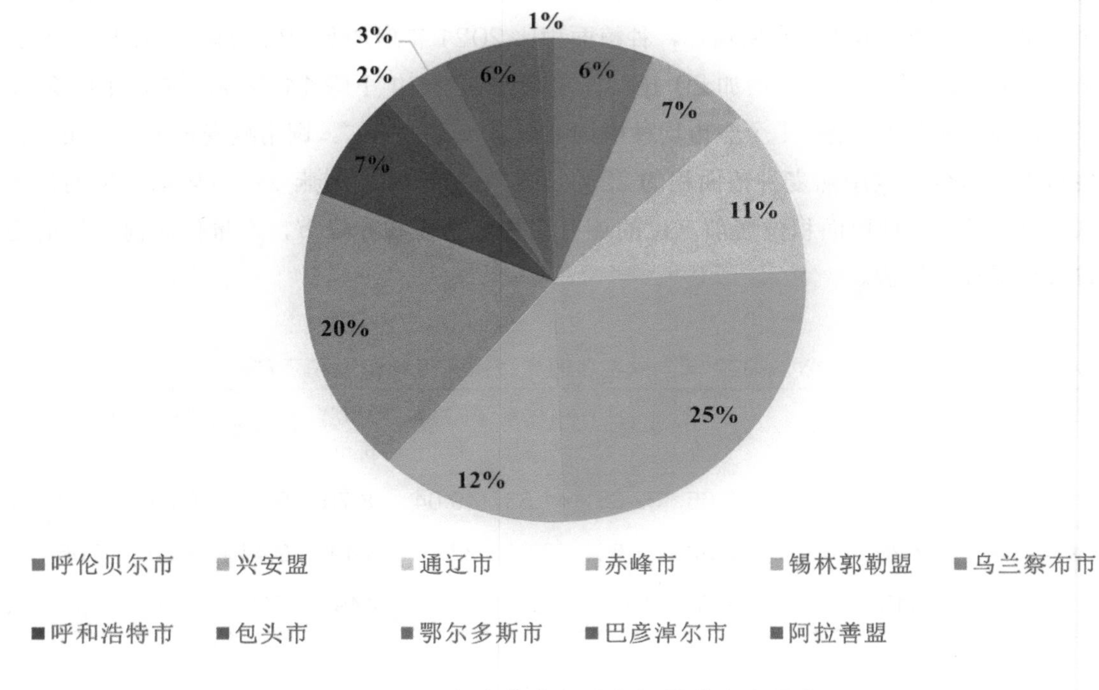

图 1-16　2022 年内蒙古各盟市饲用燕麦产量占比

二、主要种植品种

国产品种主要有蒙饲燕系列、白燕系列、蒙农系列、坝燕 4 号、青海 444、青燕 2 号等，进口品种有贝勒、贝勒 2、福燕、燕王、黑玫克、福瑞至、速锐、爱沃、哈维、牧乐思、俄罗斯大白、加燕 2 号、领袖、百事、牧王、猛士 1 号、甜燕 1 号等。

三、2020—2022 年生产情况

2020—2022 年内蒙古饲用燕麦种植面积呈先下降后上升趋势，2021 年种植面积比 2020 年降低 26.23%，2022 年种植面积比 2021 年增加 32.93%（图 1-17）。2020—2022 年内蒙古饲用燕麦产量与种植面积呈相同趋势，2021 年饲用燕麦产量比 2020 年下降 30.26%，2022 年种植面积比 2021 年增加 29.16%（图 1-18）。三年各盟市饲用燕麦种植面积和产量对比见图 1-19 和图 1-20。

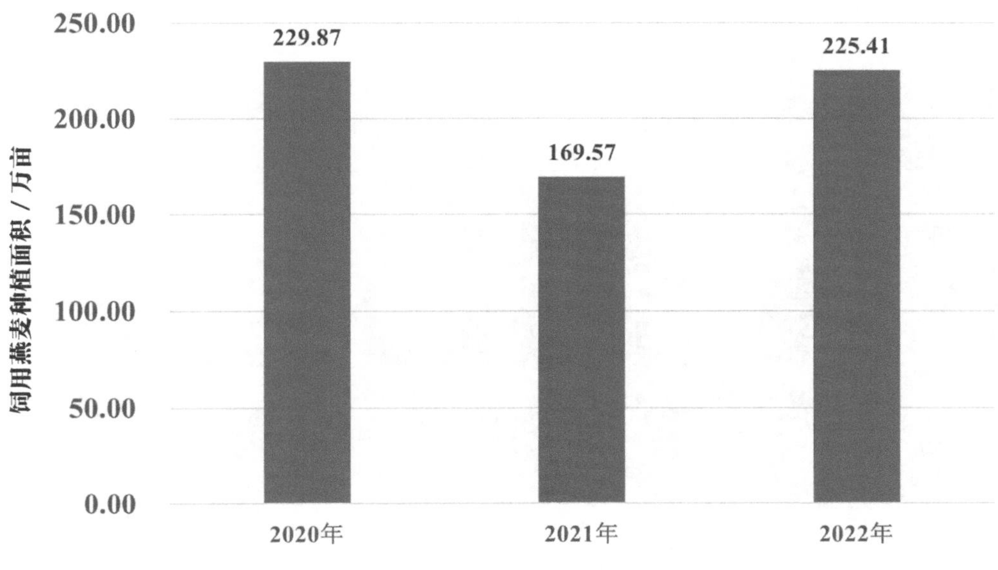

图 1-17　2020—2022 年内蒙古饲用燕麦种植面积

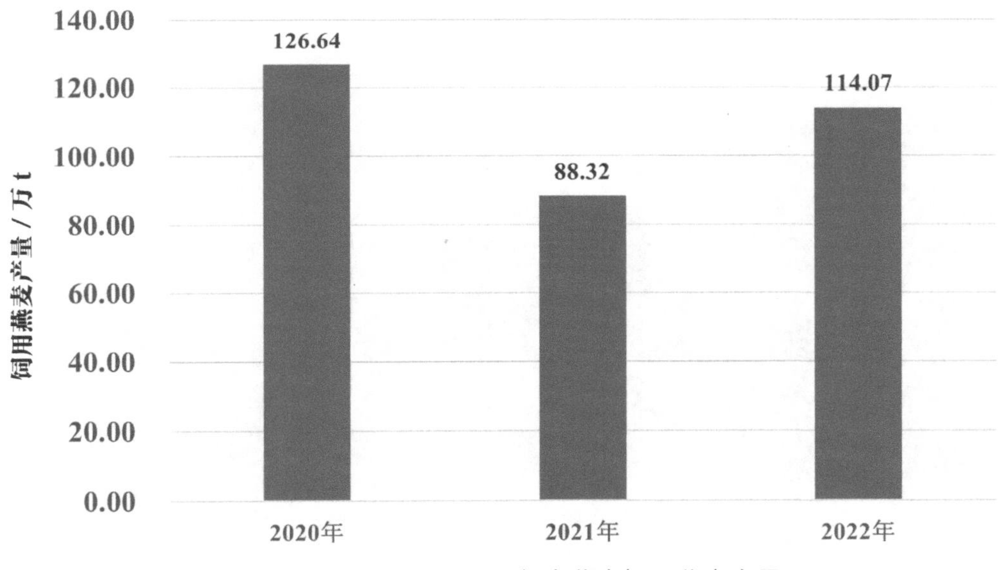

图 1-18　2020—2022 年内蒙古饲用燕麦产量

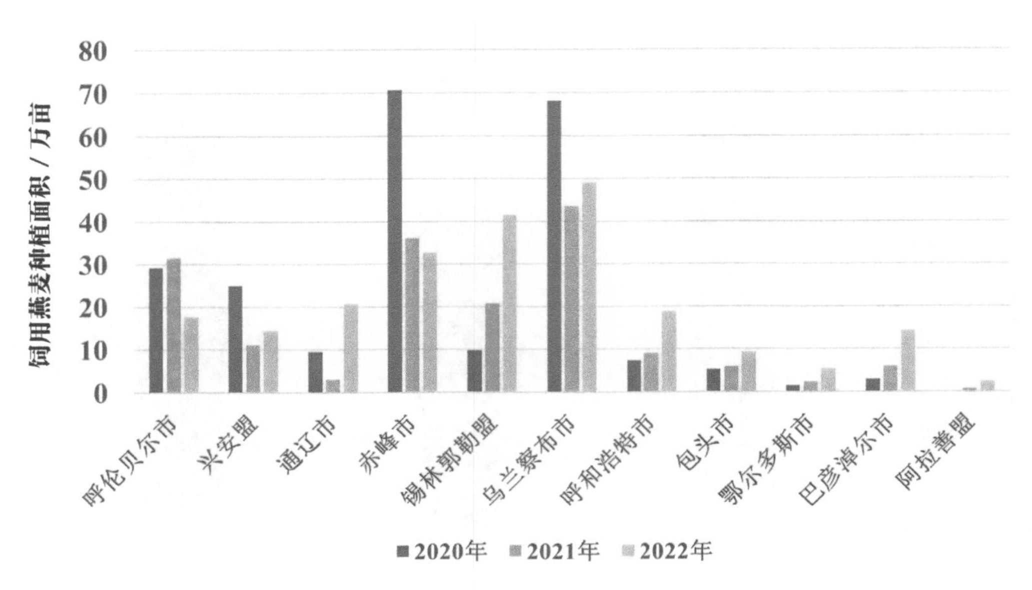

图 1–19　2020—2022 年内蒙古各盟市饲用燕麦种植面积

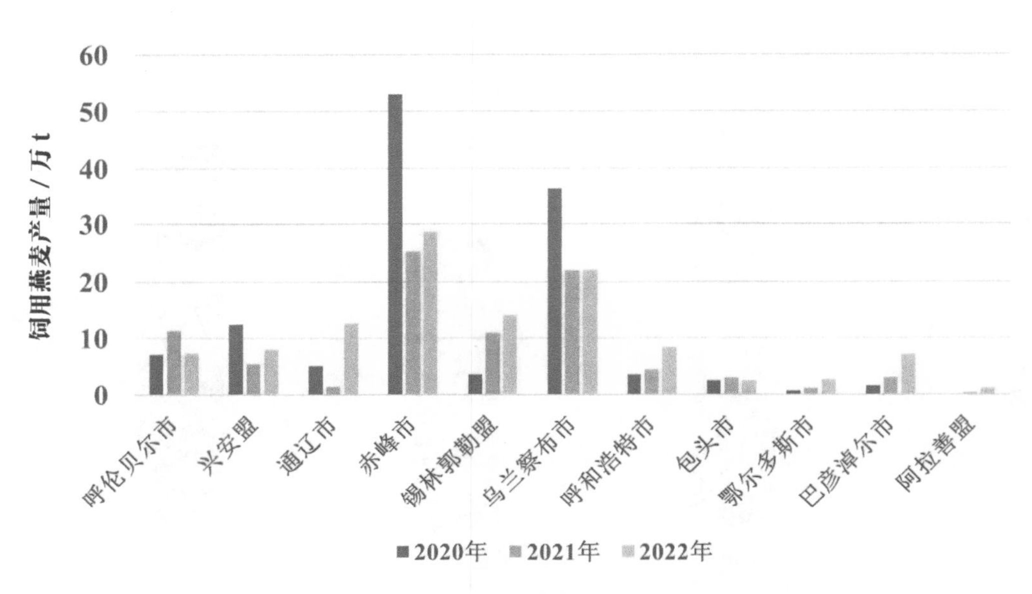

图 1–20　2020—2022 年内蒙古各盟市饲用燕麦产量

第三节 藜 麦

一、基本生产情况

2020 年，内蒙古藜麦种植面积 8.43 万亩，总产量 0.90 万 t，平均单产 107 kg/ 亩。其中种植藜麦的盟市有 5 个，分别为赤峰市、锡林郭勒盟、乌兰察布市、呼和浩特市和乌海市（表 1–7）。种植面积及产量排在前二位的分别是乌兰察布市和呼和浩特市，两市的种植面积分别为 4.00 万亩和 3.50 万亩，分别占到全区藜麦种植面积的 48% 和 42%（图 1–21），产量分别为 0.40 万 t 和 0.35 万 t，分别占全区藜麦产量的 44% 和 39%（图 1–22），单产均为 100 kg/ 亩，藜麦单产最高的为赤峰市。

表 1–7　2020 年内蒙古各盟市藜麦种植面积及产量

盟市	赤峰市	锡林郭勒盟	乌兰察布市	呼和浩特市	乌海市
种植面积 / 万亩	0.20	0.70	4.00	3.50	0.03
产量 / 万 t	0.05	0.10	0.40	0.35	0.003
单产 /（kg/ 亩）	250	143	100	100	100

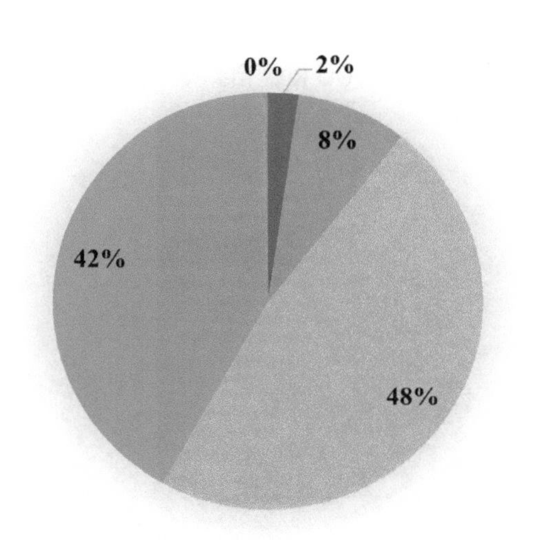

图 1–21　2020 年内蒙古各盟市藜麦种植面积占比

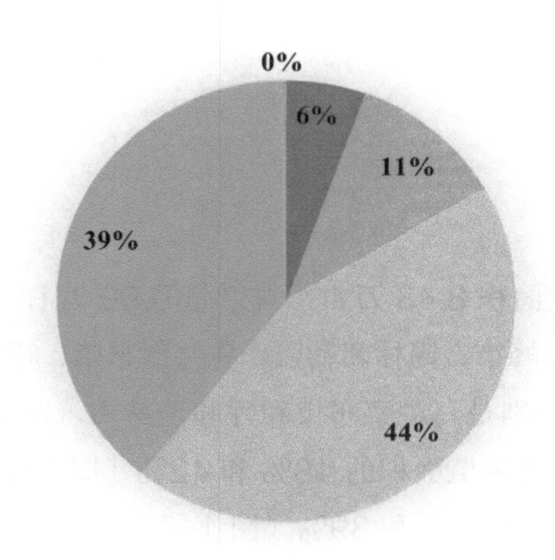

图 1–22　2020 年内蒙古各盟市藜麦产量占比

2021 年，内蒙古藜麦种植面积 7.40 万亩，总产量 0.81 万 t，平均单产 109 kg/ 亩。种植面积和产量均较 2020 年有所下降，种植面积比 2020 年下降 1.03 万亩，下降 12.22%；总产量比上一年下降 0.09 万 t，下降 10.00%。种植藜麦的盟市有 4 个，分别为赤峰市、锡林郭勒盟、乌兰察布市和呼和浩特市（表 1–8）。种植面积及产量排在前二位的分别是呼和浩特市和乌兰察布市，两市的种植面积分别占全区藜麦种植面积的 68% 和 21%（图 1–23），产量分别占全区藜麦产量的 62% 和 25%（图 1–24），单产均为 100 kg/ 亩，藜麦单产最高的为赤峰市。

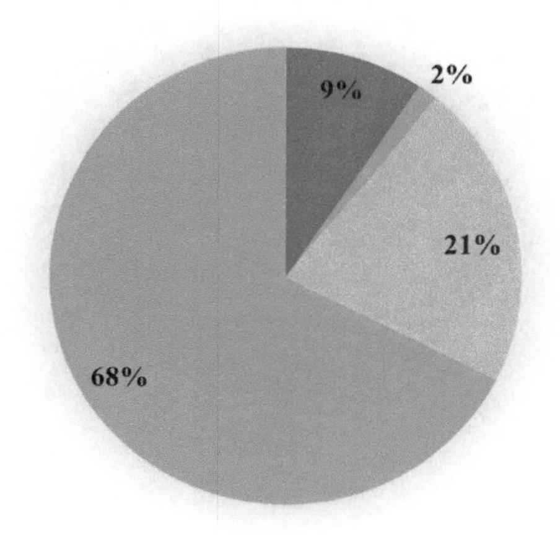

图 1–23　2021 年内蒙古各盟市藜麦种植面积占比

表 1–8　2021 年内蒙古各盟市藜麦种植面积及产量

盟市	赤峰市	锡林郭勒盟	乌兰察布市	呼和浩特市
种植面积 / 万亩	0.70	0.11	1.59	5.00
产量 / 万 t	0.10	0.01	0.20	0.50
单产 /（kg/ 亩）	143	91	126	100

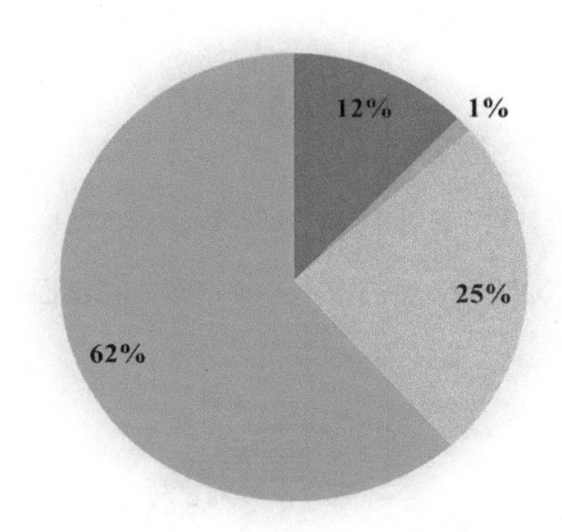

图 1–24　2021 年内蒙古各盟市藜麦产量占比

2022 年，内蒙古藜麦种植面积 10.80 万亩，总产量 1.18 万 t，平均单产 109 kg/ 亩。种植面积和产量均较 2021 年增加，种植面积比 2021 年增加 3.40 万亩，增加 45.95%；总产量比上一年增加 0.37 万 t，增加 45.68%。种植藜麦的盟市有 5 个，分别为赤峰市、锡林郭勒盟、乌兰察布市、呼和浩特市和乌海市（表 1–9）。种植面积及产量排在前二位的分别是呼和浩特市和赤峰市，两市的种植面积分别占全区藜麦种植面积的 65% 和 24%（图 1–25），产量分别占全区藜麦产量的 60% 和 32%（图 1–26），藜麦单产最高的为锡林郭勒盟。

表 1–9　2022 年内蒙古各盟市藜麦种植面积及产量

盟市	赤峰市	锡林郭勒盟	乌兰察布市	呼和浩特市	乌海市
种植面积 / 万亩	2.60	0.20	1.00	7.00	0.001
产量 / 万 t	0.38	0.05	0.05	0.70	0.000 1
单产 /（kg/ 亩）	146	250	50	100	100

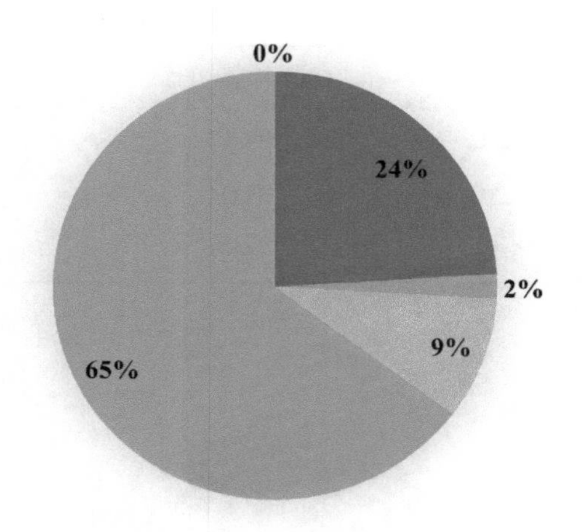

图 1–25　2022 年内蒙古各盟市藜麦种植面积占比

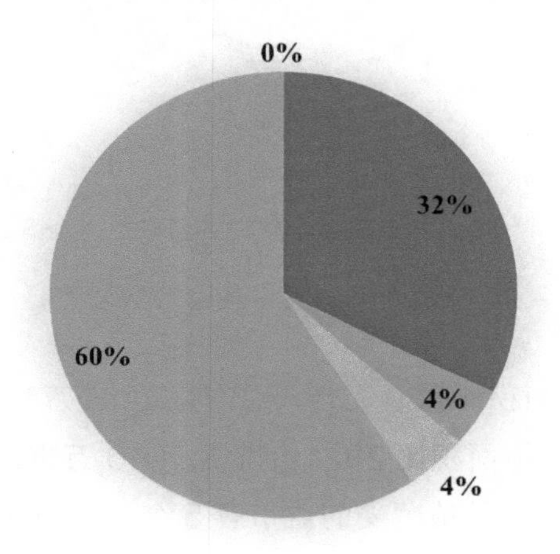

图 1–26　2022 年内蒙古各盟市藜麦产量占比

二、主要种植品种

蒙藜 1 号、蒙藜 6 号、青藜 1 号、青藜 2 号及当地自主培育的新品系等。

三、2020—2022 年生产情况

2020—2022 年内蒙古全区藜麦种植面积呈先下降后上升的趋势，2021 年种植面积比 2020 年降低 12.22%，2022 年种植面积比 2021 年增加 45.95%（图 1–27）。2020—2022 年全区藜麦产量与种植面积呈相同规律，2021 年全区藜麦产量比 2020 年降低 10.00%，2022 年种植面积比 2021 年增加 45.68%（图 1–28）。三年各盟市藜麦种植面积和产量对比见图 1–29 和图 1–30。

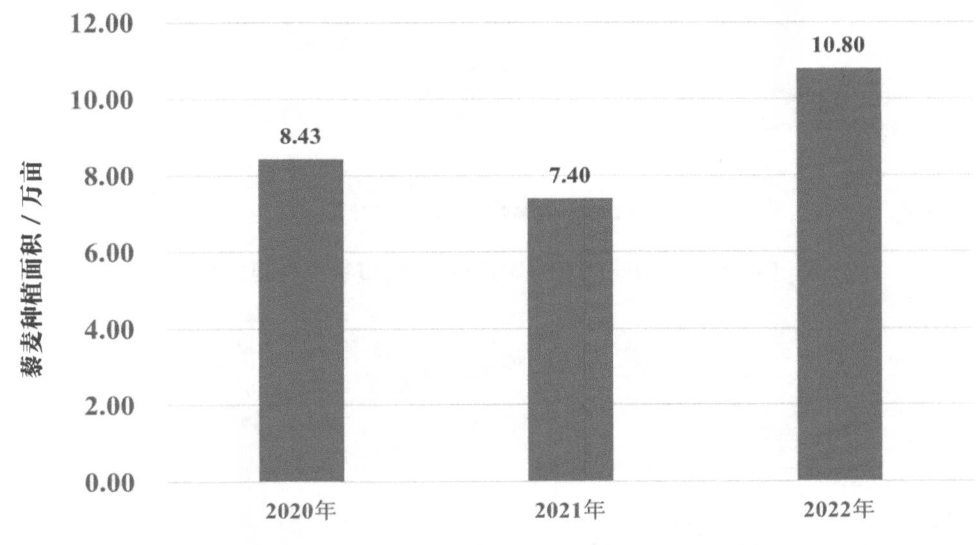

图 1–27　2020—2022 年内蒙古藜麦种植面积

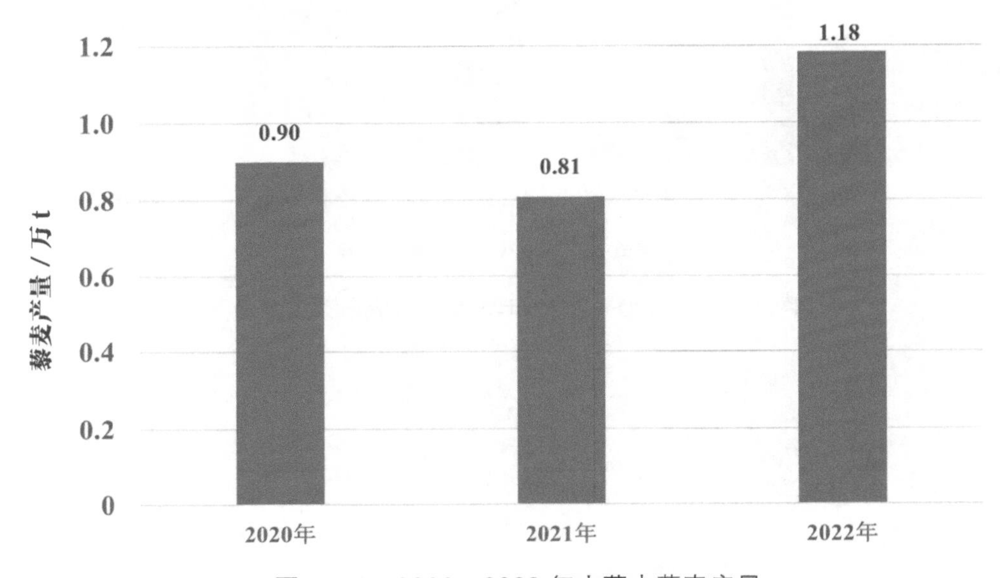

图 1–28　2020—2022 年内蒙古藜麦产量

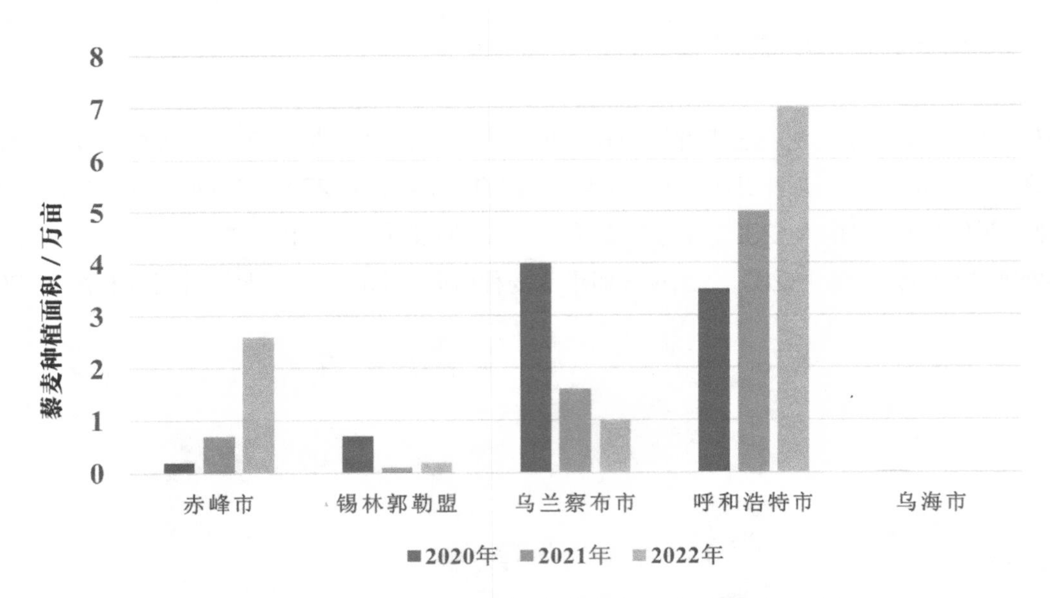

图 1-29　2020—2022 年内蒙古各盟市藜麦种植面积

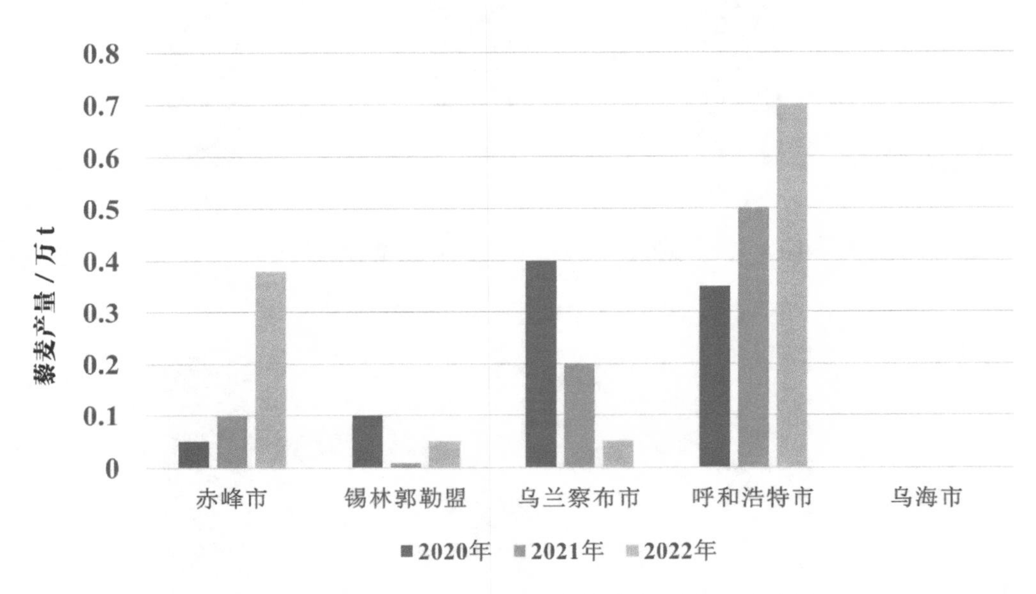

图 1-30　2020—2022 年内蒙古各盟市藜麦产量

第二章

内蒙古燕麦藜麦研究概况

第一节　内蒙古育成品种和主推品种

一、燕麦育成品种

内蒙古开展燕麦育种的单位有内蒙古自治区农牧业科学院、内蒙古农业大学、中国农业科学院草原研究所、乌兰察布市农林科学研究所、鄂尔多斯市农牧业科学研究院、兴安盟农牧科学研究所等科研究所及相关企业。已育成并通过审定的品种有33个，其中通过国家鉴定的3个，通过内蒙古自治区种子管理站审定的3个，通过草品种审定委员会审定的27个。

蒙燕1号

鉴定编号：国品鉴杂2010026

选育单位：内蒙古自治区农牧业科学院

品种来源：内蒙古自治区农牧业科学院以法国引进粮用燕麦品种492为母本，内蒙古农牧业科学院自育资源材料80-13为父本，通过皮燕麦、粮用燕麦种间远缘杂交技术选育而成。

特征特性：春性，幼苗直立，浓绿色，株高105.5 cm。生育期88 d。叶色深绿，旗叶上举。植株直立，茎秆粗壮。穗呈周散形，穗长16.3 cm，颖壳黄色，穗铃数25.9个，穗粒数54.6个，穗粒重2.0 g。籽粒呈纺锤形，粒色浅黄，千粒重34.0 g，籽粒粗脂肪含量4.95%、粗蛋白质含量14.46%、粗淀粉含量53.42%（图2-1）。

产量表现：品比试验平均产量233 kg/亩。2006—2008年全国皮燕麦区域试验，平均产量273 kg/亩，比对照增产11.89%。2009年参加国家皮燕麦生产试验，4个试点籽实平均产量348 kg/亩，比对照增产29.20%；鲜草平均产量3 278 kg/亩，较统一对照青引一号平均增产10.39%；干草平均产量1 214 kg/亩，较统一对照青引一号平均增产9.13%；秸草平均产量541 kg/亩，较统一对照青引一号平均增产24.91%。2006—2008年参加国家燕麦区域试验，2006年参加试验的点为5个，增产点次3个；2007年参加试验点为6个，增产点次6个，增产点比例为100%，平均增产28.27%；2008年，参加试验的点为5个，增产点次5个，增产点比例为100%，平均增产

16.6%。2006—2008 年区域试验汇总结果，参加试验的点为 16 个，增产点次 14 个，增产点比例为 87.5%，籽实平均增产 11.9%。

适宜区域： 适宜在内蒙古武川、吉林白城、河北张北崇礼、新疆奇台及类似生态区种植。

图 2-1 蒙燕 1 号

蒙燕 2 号

鉴定编号： 国品鉴杂 2013010

选育单位： 内蒙古自治区农牧业科学院

品种来源： 以坝莜 1 号为母本，以 C90012 作父本，经人工有性杂交，后代经系普法选育而成。

特征特性： 生育期 93 ~ 98 d，株高 88 ~ 93 cm，主穗长 23 cm，平均结实小穗数 30 个，单株粒数 70 粒，粒重 1.0 ~ 1.6 g，千粒重 23.1 g。脂肪含量 6.99%，蛋白质含量 14.16%。生育期适中，分蘖力中，单株性状好，结实小穗、单株粒数、粒重高，抗旱、抗倒，稳产性好，品质好（图 2-2）。

产量表现： 2009—2011 年国家区域试验，3 年 44 点次，增产点次是 27 个，占 61.4%；3 年平均产量 173 kg/ 亩，比对照增产 6.16%。旱滩地亩产在 150 ~ 156 kg；旱坡地亩产在 91 ~ 130 kg。

适宜区域： 适宜在内蒙古、河北、山西、新疆、甘肃、宁夏等生态区种植。

图 2-2　蒙燕 2 号

蒙燕 3 号

鉴定编号：国粮豆鉴字第 2015019 号

选育单位：内蒙古自治区农牧业科学院

品种来源：以 5-1-1/3660 杂交选育而成。

特征特性：皮燕麦。春性，生育日数 96 d，植株直立，株高 103.3 cm。幼苗直立，浓绿色。叶色深绿，旗叶上举，穗呈周散形，穗长 16.8 cm，颖壳黄色，穗铃数 25.9 个，穗粒数 60.8 个，穗粒重 2.2 g。籽粒呈纺锤形，粒色浅黄，千粒重 36.7 g。抗旱性、抗倒性、抗病性较强。2015 年经农业部农产品质量监督检验测试中心（杨凌）检测，蛋白质含量 9.59%，脂肪含量 5.32%，碳水化合物含量 59.76%，水分含量 8.76%（图 2-3）。

产量表现：2009—2011 年参加第二轮国家裸燕麦品种区域试验，平均单产 279 kg/ 亩，比对照青引一号增产 16.1%，位居参试品种第 3 位。2013 年参加国家皮燕麦生产试验，平均产量 249 kg/ 亩，较统一对照增产 29.20%。

适宜区域：在内蒙古武川、甘肃合作、青海西宁等试点表现都较好。

图 2-3　蒙燕 3 号

草莜 1 号

鉴定编号： 蒙认麦 2002001

选育单位： 内蒙古自治区农牧业科学院

品种来源： 以 578 为母本，赫波一号为父本，经人工有性杂交，后代经系普法选育而成。

特征特性： 幼苗直立，深绿色，生育期 100 d，株高 130 cm 左右。穗呈周散形，长 25 cm 左右。结实小穗 20 个，串铃形。穗粒数 60 粒，穗粒重 1.1g 左右，千粒重 24.0 g 左右。籽实蛋白质含量 15.7%，脂肪含量 6.1%。茎叶比 0.7 ∶ 1，干鲜比 0.181。青干草蛋白质含量 8.56%，脂肪含量 2.78%，总糖含量 1.09%，粗纤维含量 25.25%，维生素 C 含量 9.05 mg/100 g，胡萝卜素含量 2.67 mg/100 g，灰分含量 8.49%。饲草、籽实产量高。春播收获鲜草可解决 6 月底 7 月初缺乏鲜草问题；春播籽实收获后或小麦收获后复种饲草可较大幅度提高土地利用率，并提升饲草料品质（图 2-4）。

产量表现： 春播亩产鲜草 3 500 ～ 4 000 kg，夏播及小麦收获后复种亩产鲜草 2 000 ～ 3 000 kg。籽实亩产 150 ～ 250 kg。

适宜区域： 该品种适宜在≥ 10 ℃活动积温 1 600 ～ 1 800 ℃地区种植。

图 2-4　草莜 1 号

燕科 1 号

鉴定编号： 蒙认麦 2002002

选育单位： 内蒙古自治区农牧业科学院

品种来源： 内蒙古农牧业科学院以 8115-1-2 为母本，以鉴 17 作父本，经人工有性杂交，后代经系普法选育而成。

特征特性： 生育期 90 d。株高 100 cm，主穗长 20 cm，结实小穗数 30 个，单株粒数 70 粒、粒重 1.0 ～ 1.5 g，千粒重 21 g。蛋白质含量 13.6%，脂肪含量 7.6%。生育期适中，分蘖力中，单株性状好，结实小穗、单株粒数、粒重高，抗旱、抗倒，稳产性好，品质好（图 2-5）。

产量表现： 旱滩地平均亩产 206 ～ 250 kg；旱坡地平均亩产 91 ～ 151 kg。

适宜区域： 该品种适宜在≥ 10 ℃活动积温 1 600 ～ 1 800 ℃地区种植；抗旱能力强，适合在旱坡地种植。

图 2-5　燕科 1 号

燕科 2 号

审定编号：蒙认麦 2012002

选育单位：内蒙古自治区农牧业科学院

品种来源：以裸燕麦品系材料 926 为母本，皮燕麦 IOD526 为父本，采用人工杂交授粉连续单株选择选育而成。

特征特性：幼苗直立、叶色浓绿。株高 95.4 cm 左右，穗呈周散形，穗长 25.3 cm，主穗小穗数 66.5 个，小穗串铃形，单株粒数 168 粒、粒重 4.17 g。籽粒呈纺锤形、黄色，千粒重 23.4 g。生育期 98 d 左右。蛋白质含量 14.68%，脂肪含量 7.20%（图 2-6）。

产量表现：2003—2005 年参加第二轮国家粮用燕麦区域试验，有 17 个试点参加本轮区域试验，三年汇总平均单产 223 kg，比对照冀张莜四号增产 0.5%。在内蒙古表现优异，2003 年呼和浩特武川试点平均单产 232 kg；比对照增产 21.8%；2004 年呼和浩特武川试点平均单产 205 kg，比对照增产 3.5%；2005 年呼和浩特武川试点平均单产 234 kg，比对照增产 24.7%，三年平均单产 223 kg；比对照增产 16.4%。

适宜区域：适宜在内蒙古、山西、河北、吉林、新疆、宁夏、甘肃、华北、西北等燕麦主产区种植。

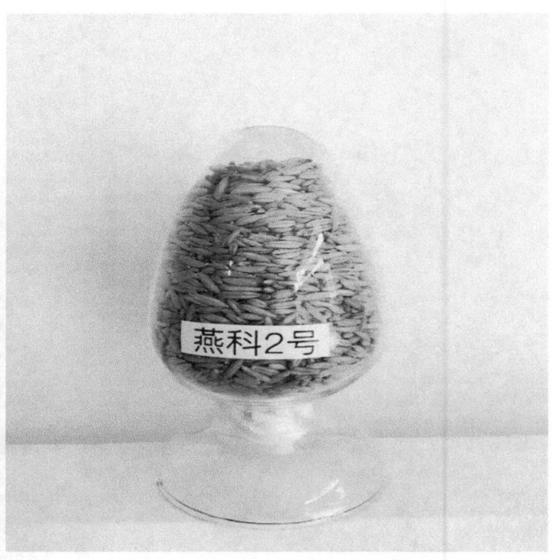

图 2-6　燕科 2 号

蒙农大 3 号

审定编号： 蒙审 -029-2021 4 号

选育单位： 内蒙古农业大学燕麦产业研究中心

品种来源： 育成品种。

品种特性： 生育期 106 d，为中晚熟品种。株高 138.5 cm，株型紧凑；粒黄色、卵圆形；穗长 25.12 cm，千粒重 24.41 g。青干草粗蛋白质含量 12.75%、粗脂肪含量 2.64%、中性洗涤纤维含量 52.41%、酸性洗涤纤维含量 25.64%、粗灰分含量 5.78%。

产量表现： 籽粒产量 273 kg/ 亩，鲜草产量 3 435 kg/ 亩，干草产量 690 kg/ 亩。

适宜区域： 适宜在内蒙古及气候相似毗邻地区种植。

蒙农大 4 号

审定编号： 蒙审 -013-2020

选育单位： 内蒙古农业大学燕麦产业研究中心

品种来源： 育成品种。

品种特性： 粮饲兼用的粮用燕麦新品种。生育期 98 d，千粒重 21.92 g，株高 106.61 cm，籽粒蛋白含量 17.56%，脂肪含量 5.72%。青干草粗蛋白质含量 10.83%、中性洗涤纤维含量 34.4%、酸性洗涤纤维含量 22.2%、粗灰分含量 4.7%、粗脂肪含量 6.7%。

产量表现：种子产量 306 kg/ 亩，鲜草产量 2 877 kg/ 亩，干草产量 592 kg/ 亩。

适宜区域：适宜在内蒙古、山西、河北、辽宁、甘肃等地区种植。

蒙农大 5 号

审定编号：蒙审 -014-2020

选育单位：内蒙古农业大学燕麦产业研究中心

品种来源：育成品种。

品种特性：抗倒伏、粮饲兼用的粮用燕麦新品种。生育期约 100 d，株高 124.5 cm，茎秆粗壮，抗倒伏性强。草质柔嫩，适口性好。青干草粗脂肪含量 52 g/kg，粗蛋白质含量 11.02%，中性洗涤纤维含量 34.4%，酸性洗涤纤维含量 22.5%，粗灰分含量 4.4%。

产量表现：种子产量平均 282 kg/ 亩，干草产量平均 707 kg/ 亩。

适宜区域：适宜在内蒙古及其相邻省区种植。

蒙农大 6 号

审定编号：蒙审 -073-2023

选育单位：内蒙古农业大学

品种来源：采用粮用燕麦和皮燕麦种间杂交和单株选择法培育的粮用燕麦新品种。

品种特性：株高 110.5 ～ 120.6 cm，主茎粗 0.4 ～ 0.5 cm，株型紧凑；粒黄色、长卵圆形；叶色深绿色，披针形，生育期 106 d，中晚熟品种。周散形穗，小穗串铃形，小穗数 54 ～ 58 个。穗长 20.6 ～ 24.3 cm，千粒重 24.9 g。

产量表现：在灌溉条件下，鲜草平均产量 3 024 kg/ 亩，干草产量 751 kg/ 亩，种子产量 275 kg/ 亩。

适宜区域：适宜在内蒙古无霜期 110 d 以上及气候相似地区种植。

蒙农大 8 号

审定编号：蒙审 -074-2023

选育单位：内蒙古农业大学

品种来源：育成品种。

品种特性：皮燕麦幼苗深绿色，半直立，周散穗形，圆锥花序，内外颖壳黄色，轮层数 3 ～ 5 层，茎秆粗壮，籽粒淡黄色，纺锤形，分蘖数 3 个，生育期 86 d，中早熟品种，株高 108 cm，穗长 21 cm，抗旱，抗倒伏，无坚黑穗病，穗粒数 65 粒，单株粒重 1.84 g，千粒重 28 g，叶量丰富，籽粒较大。抽穗期干草粗蛋白质 14%，粗脂肪 5.68%，中性洗涤纤维 52.2%，酸性洗涤纤维 30.7%。灌浆期干草粗蛋白质 9.5%，中性洗涤纤维 56.6%，酸性洗涤纤维 35.0%，籽粒蛋白质 16.5%，粗脂肪 5.67%（图 2-7）。

产量表现： 鲜草产量 3 034 kg/ 亩、干草产量 693 kg/ 亩、籽粒产量 322 kg/ 亩，分别较对照白燕 7 号和蒙农大 1 号增产 10.98% 和 13.25%，11.57% 和 13.25%，11.26% 和 14.68%。

适宜区域： 适宜在内蒙古无霜期 110 d 以上及气候相似地区种植。

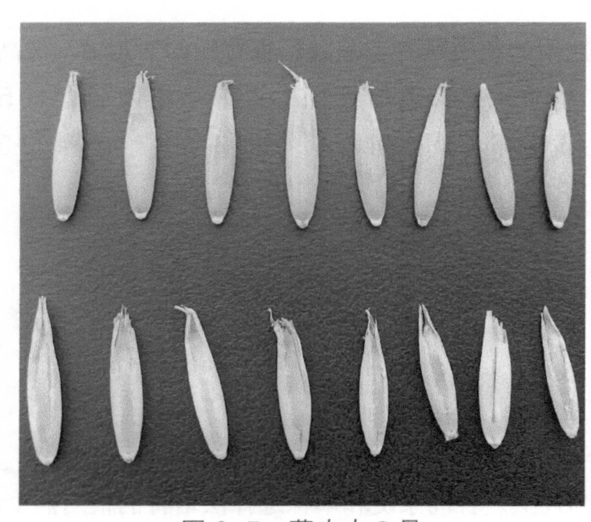

图 2-7　蒙农大 8 号

蒙农大 9 号

审定编号： 蒙审 -075-2023

选育单位： 内蒙古农业大学

品种来源： 育成品种。

品种特性： 皮燕麦幼苗深绿色，直立，侧散穗形，株型紧凑，圆锥花序，内外颖壳黄色，轮层数 3 ～ 5 层，茎秆粗壮，籽粒淡黄色，纺锤形，分蘖数 3 个，生育期 113 d，晚熟品种，株高 125 cm，穗长 24.3 cm，抗旱性强，无坚黑穗病，单株粒数 71 粒，单株粒重 1.96 g，千粒重 27.61 g，叶量丰富，籽粒较大。抽穗期干草粗蛋白质 12%，粗脂肪 6.4%，中性洗涤纤维 54.9%，酸性洗涤纤维 32.3%。灌浆期干草粗蛋白质 8.7%，中性洗涤纤维 50.6%，酸性洗涤纤维 32.3%（图 2-8）。

产量表现： 鲜草产量 3 429 kg/ 亩、干草产量 760 kg/ 亩、籽粒产量 352 kg/ 亩，分别较对照白燕 7 号和蒙农大 1 号增产 125.5% 和 28.04%，22.31 和 24.17%，21.86% 和 25.55%。

适宜区域： 适宜在内蒙古无霜期 110 d 以上及气候相似地区种植。

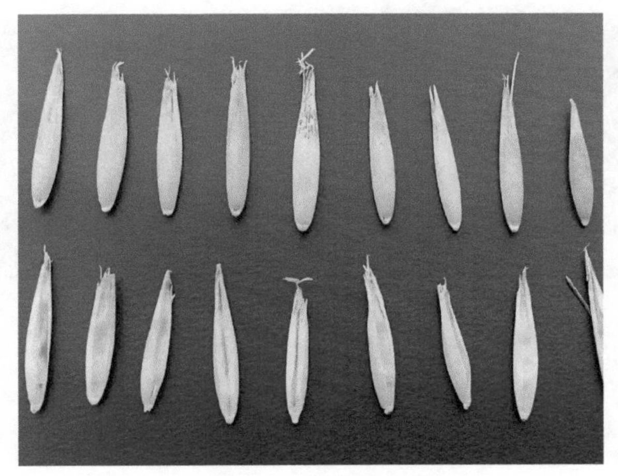

图 2-8 蒙农大 9 号

乌莜 1 号

审定编号： 蒙审 -072-2023

选育单位： 乌兰察布市农林科学研究所

品种来源： 冀张莜 1 号裸燕麦（*Avena nuda*）× 永 118 皮燕麦（*Avena sativa*）。

特征特性： 幼苗直立，植株高大，全株绿色，生长势强，生育期 103 d 左右，属中晚熟型品种。株高 1.37 m 左右，叶量高且叶片宽大，长披针形，叶脉绿色，周散穗形松散下垂，穗长 19.53 cm，穗粒数 75.60 个，穗粒重 2.05 g，小穗数 37.87 个，千粒重 26.50 g，平均分蘖数 2.37 个（有效分蘖 1.21 个）。该品种茎叶多汁、柔嫩，草质好；营养价值高，抽穗期晾制干草时粗蛋白质 13.70%，磷 0.23%，钙 0.60%，灰分 10.03%，干物质 91.62%，粗脂肪 3.00%，中性洗涤纤维 55.85%，酸性洗涤纤维 37.50%。具有出苗快、根系强大、抗旱耐瘠薄能力强、抗倒伏能力强的特点，在砂土、壤土、砂壤土、黑钙土上均能良好生长，适应性广（图 2-9）。

产量表现： 作为饲草在抽穗期鲜草产量可达 3 515 kg/ 亩，干草产量达到 994 kg 亩，种子产量 247 kg/ 亩。

适宜区域： 适宜在≥ 10 ℃有效积温 2 200 ℃的地区种植，在年降水量≥ 300 mm 地区可旱作栽培。

图 2-9　乌莜 1 号

蒙饲燕 5 号

鉴定编号： 蒙审 -015-2020

选育单位： 内蒙古农业大学

品种来源： 育成品种。

特征特性： 蒙饲燕 5 号燕麦草为一年生 6 倍体（$2n=6x=42$）禾本科燕麦属（*Avena* L.）植物，裸燕麦。幼苗半直立，叶片为绿色，植株蜡质层较厚；株高 110 ～ 130 cm，平均为 120.0 cm；分蘖数 1.5 个，周散穗形松散下垂，穗长 26.5 cm，串铃，穗铃长 3.4 cm，穗铃数 24 个，穗粒数 48 个，穗粒重 1.173 g；籽粒纺锤形，中等粒型，千粒重 24.44 g。抽穗期生长迅速，适于饲草生产两茬播种。千粒重低，播种量要比对照品种大，相同播量会有较大的亩苗数。抗旱耐瘠薄，抗黄矮病，适宜在一般旱滩地及坡梁地种植。生育期在 80 ～ 85 d，刈青生育期 55 d 左右，属早熟品种，适于短生长期条件下生产燕麦饲草，可作为避灾、救灾、抢播、补播的品种使用。蒙饲燕 5 号燕麦茎秆柔软、叶量丰富、蛋白质含量高、适口性好、饲草产量高，适合饲喂各种家畜。灌浆期晾制干草时粗蛋白质 9.90%，中性洗涤纤维 51.33%，酸性洗涤纤维 33.96%，可溶性糖 6.99%，磷 0.205%，钙 0.260 8%，钾 2.418%，灰分 5.91%，干物质 96.38%，粗脂肪 7.48%，粗纤维 27.65%，茎叶比 0.67，适口性好，品质好（图 2-10）。

产量表现： 饲草的平均鲜草总产量为 1 612 kg/ 亩，干草产量达到 534 kg/ 亩，种子产量 331 kg/ 亩。

适宜区域： 适宜在≥ 10 ℃有效积温 2 400 ℃的地区种植，在内蒙古及其毗邻省区、我国长江流域地区均可种植，在年降水量≥ 300 mm 地区可旱作栽培。

图 2-10　蒙饲燕 5 号

蒙饲燕 6 号

鉴定编号： 蒙审 -016-2020

选育单位： 内蒙古农业大学

品种来源： 育成品种。

特征特性： 蒙饲燕 6 号燕麦草为一年生 6 倍体（$2n=6x=42$）禾本科燕麦属植物，皮燕麦，自花授粉植物。幼苗半直立，叶片为绿色，植株蜡质层较厚；株高 120 ～ 140 cm；平均分蘖数 3.5 个，周散穗形，穗长 17.5 cm，燕尾铃，穗粒数 36 个，穗粒重 1.331 g；籽粒纺锤形，浅黄色，带褐色短芒，千粒重 35.96 g。蛋白质含量 8.85%，中性洗涤纤维和酸性洗涤纤维的含量达到了 A 型燕麦草特级标准，表明其具有高的消化率和采食率。生育期在 85 d 左右，刈青生育期较短，60 d，属中早熟品种，蛋白质含量高，总纤维素含量适中，品质优良。抽穗期生长迅速，适于较短生长期条件下生产燕麦饲草使用，适合内蒙古西北部麦茬复种，或者内蒙古中东部地区二茬播种生产燕麦饲草。蒙饲燕 6 号燕麦茎秆柔软、叶量丰富、含糖量高、适口性好、饲草产量高，适合饲喂各种家畜。灌浆期晾制干草，粗蛋白质 8.85%，中性洗涤纤维 48.28%，酸性洗涤纤维 29.52%，可溶性糖 8.25%，磷 0.224%，钙 0.254 1%，钾 2.858%，灰分 5.58%，干物质 96.42%，粗脂肪 9.41%，粗纤维 26.47%，茎叶比 0.61。中性洗涤纤维和酸性洗涤纤维的含量达到了 A 型燕麦草特级标准，草质柔软，适口性好，品质好（图2-11）。

产量表现： 鲜草产量达 1 713 kg/ 亩，干草产量达到 550 kg/ 亩，种子产量 357 kg/ 亩。

适宜区域： 适宜在≥ 10 ℃有效积温 2 400 ℃的地区种植，在内蒙古及其毗邻省区、我国长江流域地区均可种植，在年降水量≥ 300 mm 地区可旱作栽培。

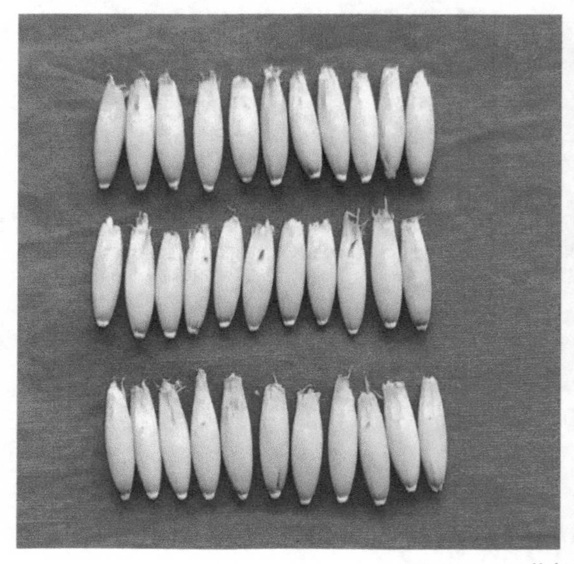
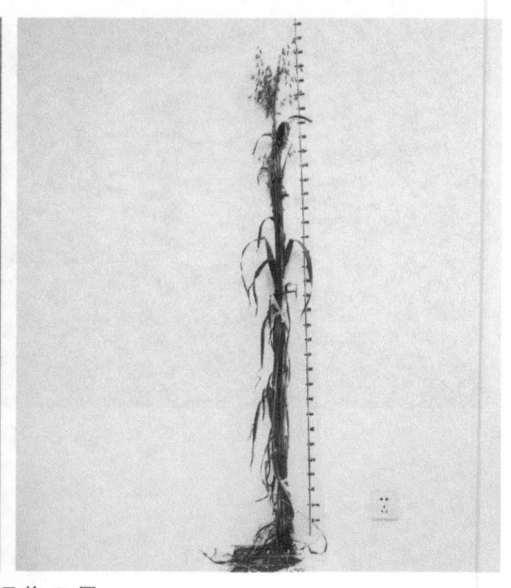

图 2-11　蒙饲燕 6 号

蒙饲燕 7 号

鉴定编号： 蒙审 -043-2022

选育单位： 内蒙古农业大学

品种来源： 育成品种。

特征特性： 蒙饲 7 号燕麦为一年生 6 倍体（$2n=6x=42$）禾本科燕麦属（*Avena* L.）植物，裸燕麦。幼苗半直立，叶片为浅绿色，植株蜡质层较厚；株高 130 ～ 164 cm，平均为 150.5 cm；分蘖数 2.7 个，周散穗形，穗长 23.5 cm，串铃，穗铃长 3.6 cm，穗粒数 42 个，主穗粒重 1.33 g；籽粒纺锤形，长度中等，中间较鼓，粒形饱满圆润，籽粒顶端（1/6 处）白色茸毛较密较长，千粒重 33.15 g。抽穗期生长迅速，适于饲草生产两茬播种的第二茬用种。抗旱耐瘠薄，抗黄矮病，适宜在一般旱滩地及坡梁地种植。生育期在 100 ～ 105 d，刈青生育期 85 d 左右，属晚熟品种，对日照长短不敏感，适于热量充足、日照时长较短的生长条件下生产燕麦饲草，生产的饲草品质较其他品种更易调制。蒙饲 7 号燕麦茎秆柔软、叶量丰富、蛋白质含量高、适口性好、饲草产量高，适合饲喂各种家畜。灌浆期晾制干草粗蛋白 11.66%，中性洗涤纤维 52.66%，酸性洗涤纤维 34.71%，可溶性糖 13.21%，淀粉 1.18%，磷 0.26%，钙 0.41%，钾 2.54%，灰分 6.69%，干物质 91.10%，粗脂肪 2.46%，茎叶比 0.61（图 2-12）。

产量表现： 饲草的平均鲜草总产量为 1 309 kg/ 亩，干草产量达到 389 kg/ 亩，种子产量 255 kg/ 亩。

适宜区域： 适宜在≥ 10 ℃有效积温 2 400 ℃的地区种植，在内蒙古及其毗邻省区、我国长江流域地区均可种植，在年降水量≥ 300 mm 地区可旱作栽培。适于内蒙古蒙西地区麦后种植燕麦饲草。适于广东、海南、四川等南方省市冬季生产燕麦饲草。

图 2-12　蒙饲燕 7 号

蒙饲燕 8 号

鉴定编号： 蒙审 -042-2022

选育单位： 内蒙古农业大学

品种来源： 育成品种。

特征特性： 蒙饲 8 号燕麦为一年生 6 倍体（$2n=6x=42$）禾本科燕麦属（*Avena* L.）植物，裸燕麦。幼苗直立，叶片为绿色，植株蜡质层较厚；株高 156.0 cm；分蘖数 2.8 个，周散穗形，穗长 25.0 cm，串铃，穗铃长 2.4 cm，穗粒数 148 个，主穗粒重 3.69 g；籽粒纺锤形，长度中等，中间较鼓，粒形饱满圆润，籽粒顶端（1/6 处）白色茸毛较密较长，千粒重 24.94 g。抽穗期生长迅速，适于饲草生产两茬播种的第二茬用种。抗旱耐瘠薄，抗黄矮病，适宜在一般旱滩地及坡梁地种植。生育期 75 d，刈青生育期 51 d 左右，属早熟品种，对日照长短不敏感，适于热量充足、日照时长较短的生长条件下生产燕麦饲草，生产的饲草品质较其他品种更易调制。蒙饲 8 号燕麦茎秆柔软、叶量丰富、蛋白质含量高、适口性好、饲草产量高，适合饲喂各种家畜。灌浆期晾制干草粗蛋白质 8.06%，中性洗涤纤维 57.48%，酸性洗涤纤维 37.92%，可溶性糖 13.19%，淀粉 1.10%，磷 0.25%，钙 0.27%，钾 1.90%，灰分 5.10%，干物质 91.60%，粗脂肪 2.29%，茎叶比 0.65（图 2-13）。

产量表现：饲草的平均鲜草总产量为 1 298 kg/ 亩，干草产量达到 349 kg/ 亩，种子产量 264 kg/ 亩。

适宜区域：适宜在≥ 10 ℃有效积温 2 400 ℃的地区种植，在内蒙古及其毗邻省区、我国长江流域地区均可种植，在年降水量≥ 300 mm 地区可旱作栽培。适于内蒙古蒙西地区麦后种植燕麦饲草。适于广东、海南、四川等南方省市冬季生产燕麦饲草。

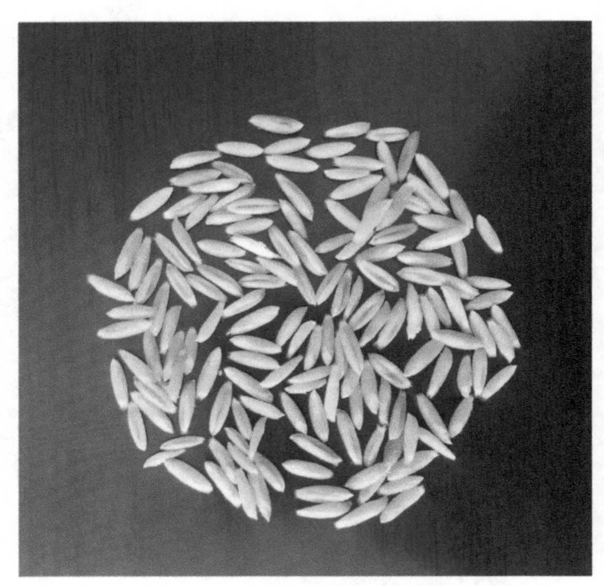

图 2-13　蒙饲燕 8 号

中草 17 号

审定编号：蒙审 -045-2022

选育单位：中国农业科学院草原研究所

品种来源：采用多轮混合选择培育出的裸燕麦品种。

品种特性：幼苗半直立，叶量丰富，分蘖力强，平均株高为 152 cm，旗叶长 28.5 cm、宽 1.35 cm，叶层高度 107 cm，平均有效分蘖数 3.6 个；周散穗形松散下垂，短串铃，平均穗粒数 57.8 个，穗粒重 1.48 g；籽粒纺锤形，中等粒型，千粒重 24.7 g。适于饲草生产一茬或一茬半播种，饲用。播种量 8 kg/ 亩。生育期 90 d，刈青生育期 65 d，属中熟品种（图 2-14）。

产量表现： 在灌溉条件下，饲草鲜草产量为 2 216 kg/ 亩、干草产量为 692 kg/ 亩、种子产量 174 kg/ 亩。

适宜区域： 适于在年降水量 300 mm 以上的内蒙古中西部及毗邻省区的旱滩地、坡梁地、寒冷沙地滩地种植。

图 2-14　中草 17 号

中草 22 号

审定编号： 蒙审 -047-2022

选育单位： 中国农业科学院草原研究所

品种来源： 采用多轮混合选择培育出的裸燕麦品种。

品种特性： 幼苗半直立，叶片为绿色，植株高大，平均株高为 157 cm，旗叶长 27.9 cm、宽 1.25 cm；周散穗形松散下垂，短串铃，穗粒数 58 个，穗粒重 1.53 g；籽粒纺锤形，中等粒型，千粒重 25 g。适于饲草生产一茬或一茬半播种，粮饲兼用。播种量 12 kg/ 亩。生育期 90 d，刈青生育期 65 d，中熟品种（图 2-15）。

产量表现： 在灌溉条件下，鲜草产量 2 106 kg/ 亩、干草产量 673 kg/ 亩、种子产量 180 kg/ 亩。

适宜区域： 适宜在年降水量 300 mm 以上的内蒙古中西部及毗邻省区的山地平原、干旱地区、寒冷沙地滩川地种植，可在 pH 值 8.1 ～ 9.1、盐分含量 0.8‰～ 1.1‰的土壤上良好生长。

图 2-15 中草 22 号

中草 32 号

审定编号： 蒙审 -068-2023

选育单位： 中国农业科学院草原研究所

品种来源： 以青海 444 为母本，黑玫克为父本通过杂交选育而成。

品种特性： 株高 110 ～ 120 cm，分蘖数 8 ～ 10 个；旗叶长 16 ～ 24 cm，旗叶宽 1.1 ～ 1.6 cm，倒二叶长 21 ～ 30 cm，倒二叶宽 1.0 ～ 1.7 cm；穗长 20 ～ 28 cm，穗粒数 35 ～ 50 粒，穗周散形；颖果纺锤形，颖壳棕黑色，千粒重 30 ～ 33 g。在内蒙古中西部地区生育天数为 73 ～ 80 d，属早熟品种。粗蛋白质含量 12.9%、酸性洗涤纤维含量 24.86%、中性洗涤纤维含量 47.01%、钾含量 17 155.55 mg/kg（图 2-16）。

产量表现： 品比试验平均干草产量 800 kg/ 亩，种子产量 197 kg/ 亩。

适宜区域： 内蒙古中西部地区，如呼和浩特、包头、鄂尔多斯、乌兰察布及巴彦淖尔等地区。

图 2-16　中草 32 号

中草 33 号

审定编号： 蒙审 -069-2023

选育单位： 中国农业科学院草原研究所

品种来源： 以林纳为母本，福瑞至为父本通过杂交选育而成

品种特性： 株高 130.0 ～ 140.0 cm，茎粗 6.3 ～ 8.2 mm，分蘖数 4 ～ 6 个；叶披针形，旗叶长 28.0 ～ 38.0 cm，旗叶宽 1.5 ～ 2.2 cm，倒二叶长 38.0 ～ 45.0 cm，倒二叶宽 1.6 ～ 2.2 cm；穗长 37.0 ～ 42.0 cm，穗粒数 70 ～ 80 粒，穗侧散形；颖果纺锤形，颖壳黄白色，千粒重 39.0 ～ 44.0 g。在内蒙古中西部地区生育天数为 100 ～ 105 d，较耐盐碱。粗蛋白质含量 13.1%、酸性洗涤纤维含量 27.45%、中性洗涤纤维含量 51.55%、钾含量 22 810.674 mg/kg（图 2-17）。

产量表现： 品比试验平均干草产量 900 kg/ 亩，种子产量 220 kg/ 亩。

适宜区域： 内蒙古中西部地区，如呼和浩特、包头、鄂尔多斯、乌兰察布及巴彦淖尔等地区。

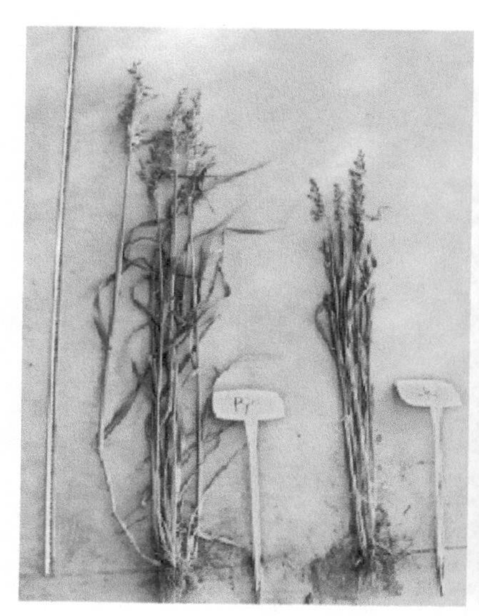

图 2-17　中草 33 号

北饲燕 1 号

鉴定编号： 蒙审 -076-2023

选育单位： 内蒙古国麦农业有限公司、内蒙古农业大学

品种来源： 育成品种。

特征特性： 北饲燕 1 号（*Avena nuda* L.cv.Beisiyan No.1）为一年生 6 倍体（$2n=6x=42$）禾本科燕麦属（*Avena* L.）植物，裸燕麦。幼苗半直立，幼苗为青绿色，植株具蜡质层；株高 111 ～ 134 cm；周散穗形，穗长 23.67 cm，串铃，穗铃数 28.6 个，穗粒数 94 个，穗粒重 1.95 g；稃色黄，无芒；籽粒纺锤形，偏大粒型，籽粒淡黄色，千粒重 29 ～ 34 g。生育期在 95 ～ 100 d。可种植在旱滩地及坡梁地。抽穗期生长迅速，适于饲草生产两茬播种的第二茬用种。抗旱耐瘠薄，抗黄矮病，适宜在一般旱滩地及坡梁地种植。生育期在（100±3）d，刈青生育期 78 d 左右，属晚熟品种，适于热量充足的条件下生产饲草。北饲燕 1 号茎秆柔软、叶量丰富、蛋白质含量高、适口性好、饲草产量高，适合饲喂各种家畜。灌浆期晾制干草粗蛋白质 9.10%，中性洗涤纤维 63.28%，酸性洗涤纤维 40.80%，可溶性糖 3.40%，淀粉 1.50%，磷 0.24%，钙 0.44%，钾 1.83%，灰分 8.96%，干物质 91.20%，粗脂肪 1.50%，茎叶比 0.59。该品种钾离子含量低于 2%，生产的饲草更适合怀孕围产前期奶牛饲喂，降低奶牛围产期低血钙症及分娩后瘫痪、乳房炎、子宫内膜炎、酮病等病症的发生，提高奶牛围产期食欲、提高泌乳量（图 2-18）。

产量表现：饲草的平均鲜草总产量为 1 286 kg/ 亩，干草产量达到 373 kg/ 亩，种子产量 247 kg/ 亩。

适宜区域：适宜在≥ 10 ℃有效积温 2 400 ℃的地区种植，在内蒙古及其毗邻省区、我国长江流域地区均可种植，在年降水量≥ 300 mm 地区可旱作栽培。

图 2-18　北饲燕 1 号

二、主推品种

内蒙古燕麦藜麦产业技术体系调研内蒙古 12 个盟市主要种植的品种有坝莜系列、蒙燕系列和白燕系列，其中坝莜 1 号、坝燕 4 号和白燕 2 号在内蒙古区外引进的品种在内蒙古种植面积较大。

坝莜 1 号

审定编号：冀张审 200001 号

选育单位：河北省高寒作物研究所（原张家口市坝上农业科学研究所）

品种来源：以冀张莜四号为母本，品系 8061-14-1 为父本，采用有性杂交，系谱法选育而成，其系谱编号为 8711-12-1-74。

特征特性：春性，幼苗直立。苗色深绿，株高 80 ～ 123 cm，生育期 86 ～ 95 d，属中熟型品种。株型紧凑，叶片上举；周散形穗，短串铃，主穗小穗数 20.7 个，穗粒数 57.5 粒，穗粒重 1.45 g；籽粒椭圆形，浅黄色，千粒重 24.8 g；籽粒整齐，带壳率低；籽粒粗蛋白质含量 15.6%，粗脂肪含量 5.53%。

产量表现：1992—1994 年参加全国旱地莜麦区域试验，平均亩产 160 kg，比对照冀张莜一号增产 21.7%，增产极显著。1995—1996 年参加张家口市中熟旱地莜麦区域试验，二年平均亩产 165 kg，比对照品种冀张莜四号增产 23.34%。1996—1997 年在坝上进行生产鉴定试验，亩产籽实 156 kg，比冀张莜四号增产 20.15%。

适宜区域：适宜在河北坝上肥沃平、坡地、二阴滩地，以及内蒙古、山西、甘肃等同类型区域种植。

坝燕 4 号

鉴定编号：国品鉴杂 2013011

选育单位：河北省高寒作物研究所

品种来源：从中国农业科学院作物科学研究所引进的加拿大品系 AC MORGAN 中单株系选，后经株行试验、品系鉴定、河北省皮燕麦品种区域联合试验和生产试验、国家皮燕麦品种区域试验和生产试验培育而成，系谱号为 2003-N7-4。

产量表现：在旱坡地和砂质土壤条件下一般亩产 100 ～ 170 kg，在肥坡地和旱滩地条件下亩产 170 ～ 200 kg，在阴滩地和水浇地条件下亩产 200 kg 以上，最高生产潜力亩产 400 kg。2006—2007 年参加河北省皮燕麦品种区域试验，两年 10 个点平均亩产 293 kg，居参试品种之首，比对照“红旗二号”增产 30.8%。2 年 10 个点均比对照增产，增产点占总点数的 100%，8 个点增产显著或极显著，占总点数的 80%。2009—2011 年参加第二轮国家皮燕麦品种区域试验，3 年平均单产 302 kg/ 亩，比对照青引一号增产 25.6%，产量居参试品种第一位。2007—2009 年参加河北省皮燕麦品种生产试验，3 年 14 个点平均亩产籽实 305 kg，比对照红旗二号增产 32.89%。2012 年参加国家皮燕麦生产试验，3 个点平均亩产量 298.19 kg，比对照青引一号增产 8.55%。

特征特性：春性，幼苗半直立，株型中等，株高 105.9 cm；生育期 95 d 左右，属中熟品种；叶绿色，叶片下披，旗叶挺直，锐角，叶鞘无茸毛；茎秆直立且绿色，茎节数 6 节，抽穗后有蜡质，茎粗 3.5 ～ 4.5 mm；周散形，浅黄色，纺锤铃；主穗小穗数 35.3 个，穗粒数 77.1 粒，穗粒重 2.6 g，千粒重 36.0 g；籽粒浅黄，纺锤形；籽粒粗蛋白质含量 9.32%，粗脂肪含量 4.98%，碳水化合物含量 57.97%，水分含量 8.23%（注：以上为皮燕麦带壳结果）。生长整齐，生长势强，抗倒抗病，抗旱耐瘠。

适宜区域：适宜在河北坝上，新疆奇台，内蒙古武川、克什克腾，青海西宁，吉林白城，以及其他同类型区土壤肥力中上等的旱坡地、旱滩地种植。

白燕 2 号

审定编号： 吉审麦 2003005

选育单位： 吉林省白城市农业科学院

品种来源： 从加拿大引进高代材料，经系谱法选育而成。

产量表现： 2001 年产量试验产量为 154 kg/ 亩；2002 年产量试验产量 167 kg/ 亩；2002 年生产试验产量为 165 kg/ 亩。

特征特性： 春性，出苗至成熟 81 d 左右，幼苗直立，深绿色，分蘖力较强，株高 99.5 cm，穗长 19.0 cm，侧散穗，小穗串铃形，颖壳黄色，主穗小穗数 10.5 个，主穗粒数 39.3 个，主穗粒重 1.11 g，活秆成熟。籽粒纺锤形，浅黄色，表面光洁，千粒重 30.0 g，容重 706.0 g/L。蛋白质含量为 16.58%；脂肪含量为 5.61%；灌浆期全株蛋白质含量 12.11%，粗纤维含量 27.40%；收获后干秸秆蛋白质含量 5.12%，粗纤维含量为 34.95%。抗黑穗病、叶锈病，根系发达，抗旱性强。

适宜区域： 适于吉林西部地区中等以上肥力的土地种植。

三、各盟市燕麦种植品种

乌兰察布市燕麦种植面积最大，历史悠久，种植以国内育成的品种为主，有坝莜系列、白燕系列、蒙燕系列、内农大莜等，种植面积大，品种类型较多。

锡林郭勒盟畜牧业较为发达，对饲草需求量较大，因此主要种植皮燕麦，皮燕麦品种主要为坝燕 4 号、坝燕 6 号、蒙燕 1 号，还有进口品种哈维、百事 1 号、牧王等。

兴安盟种植燕麦品种类型较多，有白燕 2 号、白燕 7 号、坝燕 4 号、蒙燕 1 号、加燕 2 号、领袖、贝勒、百事等燕麦品种。

赤峰市因距离河北较近，燕麦种植种子少部分从河北等地购入，大部分都是自留种，主要种植品种坝莜 1 号、坝燕 6 号、花早 2 号等，引进品种有白燕 2 号、蒙燕 1 号和蒙燕 2 号。

呼和浩特市武川县、清水河目前种植的燕麦品种主要有坝莜 1 号、燕科 1 号、燕科 2 号，新品种推广主要为蒙燕 1 号、蒙燕 2 号、坝莜 14 号。

通辽地区燕麦栽培技术主要推广燕麦复种栽培技术，因此在品种的选定方面侧重于生育期短的白燕 2 号、白燕 7 号等。

包头市燕麦绝大多数种植在坡梁地，以旱作为主，因此选择耐干旱、生育期短、耐瘠薄的燕麦品种如坝莜 1 号、青燕 1 号。

呼伦贝尔市主要种植白燕 1 号、白燕 2 号、哈维燕麦、白燕 7 号、青海 444、牧乐思、远 2 号、花早 2 号、牧王、坝莜 1 号、青引 2 号、加燕 2 号、青甜、琳娜、小马、科纳、俄罗斯大白等品种。

鄂尔多斯市主要种植的国内育成品种为蒙燕系列、蒙饲燕系列，国外引进品种为贝勒、贝勒 2 号、甜燕 1 号、哈维、领袖、大联盟以及科纳、青海 444 等。

巴彦淖尔市主要种植的燕麦品种是加燕 2 号、青海 444、加拿大燕麦、猛士 1 号、俄罗斯大白、白燕 7 号、贝勒、牧乐思、蒙燕 1 号、白燕 2 号等。

阿拉善盟主要种植品种为国外品种，有哈维、丹麦 444 等。

四、藜麦育成品种

内蒙古藜麦育成及主推的品种有蒙藜一号和中藜 1 号，主要种植在内蒙古呼和浩特武川县。

蒙藜一号

鉴定编号：呼品登 2015021 号

选育单位：中国农业科学院、内蒙古农业大学、内蒙古益稷生物科技有限公司

品种来源：中国农业科学院从国外引进。

特征特性：植株高大，种子灰色，千粒重 2.8 g 左右。

产量表现：亩产 150 kg 左右。

适宜区域：呼和浩特市≥ 10 ℃活动积温 1 800 ℃以上区域。

中藜 1 号

鉴定编号：蒙审 -036-2021

选育单位：中国农业科学院、内蒙古益稷生物科技有限公司

品种来源：南美洲秘鲁引进的饲用藜麦种质材料“QA-L-12-15”为原始种群，利用定向混合选择育种法选育。

特征特性：主茎直立分枝多，基部直径约 2 cm，侧枝数 30 枝左右，株高约 210 cm。蛋白质含量 15.6%，纤维含量 46.1%。

产量表现： 全生育期可刈割 2 次，总鲜草产量 3 200 kg/ 亩，或者干草产量 713 kg/ 亩，种子产量 150 kg/ 亩左右。

适宜区域： 适宜在呼和浩特及毗邻地区无霜期大于 110 d、降水量 260 mm 以上、海拔 2 000 m 以下的地区种植；呼和浩特市≥ 10 ℃活动积温 1 800 ℃以上区域。

第二节　燕麦栽培技术

燕麦（*Avena sativa* L.）是重要的粮饲兼用作物，其具有抗旱、抗贫瘠、耐盐碱等特性，是内蒙古优势特色作物，种植面积稳定在 400 万亩左右，种植在阴山沿麓旱作区、有灌溉条件的水浇地、黄河流域盐碱地、沙地等区域。目前根据不同生态区已形成相应的栽培技术，主要有抗旱栽培、盐碱地栽培、水浇地抗倒伏栽培、绿色有机栽培、沙地栽培和皮燕麦双季生产等技术。

一、燕麦栽培技术要点

（一）选地

按照用养结合原则，选择未使用过高毒性、高残留农药的豆茬、马铃薯茬或者压青地为宜，避免重茬和迎茬。前茬作物可根据当地作物选择，燕麦具有耐贫瘠的特性，对前茬作物要求不严。

（二）整地

秋季或者播种前翻耕整地，耕翻深度 25 ～ 30 cm，翻后随即耙耱、整平。秋翻地第二年春季播前进行耙耱，以疏松表土、平整地面，便于播种。

（三）种子准备

所用种子原则上来源于无公害农业体系，有机燕麦生产所用种子来源于有机农业体系。品种根据生态自然条件选择，选择生育期适中、抗逆性强、优质高产的品种。水肥条件好的地块，选择耐密和半耐密品种，如草莜 1 号、坝莜 18 号等。

（四）种子处理

1. 去杂

播种前去除土块、石子、秕粒、小粒、破粒，选用成熟度一致、饱满的籽粒作为种子，去杂方法一般有风选、筛选、粒选等。

2. 种子检验

播种前 15 ～ 20 d 进行种植纯度、净度、发芽率检验，按照《农作物种子检验规程》（GB/T 3543.5—1995/XG1—2015）进行。符合标准：所选良种纯度≥ 96%，净度≥ 98%，发芽率≥ 85%。

3. 晒种和拌种

播种前 3 ～ 5 d，选择晴朗无风的天将种子摊开进行晾晒，厚度 3 ～ 5 cm，以达到杀菌的效果，提高燕麦出苗率。

晾晒后播种时选择无公害生产允许的农药进行拌种，如多菌灵、甲基硫菌灵以燕麦种子量 0.3% 的药量进行拌种，防治燕麦坚黑穗病。

若进行有机生产，禁止使用化学药剂处理种子。

（五）播种

1. 播种时间

0 ～ 5 cm 土层温度达到 5 ℃以上即可播种，一般在 3 月中下旬至 6 月上中旬。具体播种时间可根据气候条件、地理条件和种植目的进行调整，以收获籽粒为目的，一般在 4 月中下旬到 5 月上中旬播种，6 月播种选择中早熟品种，可成熟。

以收饲草为目的，可适当调整播期，如在水热条件好的地区可进行双季生产，如土默川地区、河套地区和鄂尔多斯等地区可进行双季生产，第一季种植时间应在 3 月中下旬到 4 月上旬进行播种，第二季在 7 月中旬播种。

2. 播种方式

一般采用种肥分层播种机条播，可根据种植面积确定播种机型号；免耕种植的情况下，需采用免耕播种机播种；旱作覆膜播种可采用覆膜穴播机进行穴播，穴距 10 ～ 15 cm，行距 20 ～ 25 cm。

3. 播量

播种量根据土壤肥力、水分条件确定。一般播种量为 10 kg/ 亩，保苗数在 40 万株 / 亩左右。在土壤贫瘠、水分条件差的地区，播量为 8 ～ 10 kg/ 亩；在土壤肥沃、水分条件好的地区，播量为 10 ～ 11.3 kg/ 亩；在盐碱地，播种量为正常播量的 2 ～ 3 倍；旱作区覆膜微垄沟穴播条件下，裸燕麦播种量为 5 ～ 6 kg/ 亩，皮燕麦为 7 ～ 9 kg/ 亩。

4. 播种深度

采用种肥分层播种机播种，一般燕麦播种深度为 3 ～ 5 cm，土壤含水量大于 16% 时，播种深度可适当浅播，播深 3 cm；当土壤含水量在 10% ～ 16% 时，适当深播，播种深度为 5 cm。播种后镇压，有利于出苗。

（六）施肥

1. 基肥

一直以来，燕麦被认为是耐贫瘠、低产作物，种植中很少施用有机肥。一方面发展燕麦与绿肥作物混作、间作套作，提高土壤肥力，进而提高燕麦产量，另一方面施用堆肥、厩肥。基肥一般选用优质的农家肥，施用量根据土壤肥力确定，一般用量为 200 ～ 300 kg/ 亩。

2. 种肥

一般使用 N、P_2O_5 和 K_2O 分别为 3 ～ 5 kg/ 亩、1.5 ～ 3 kg/ 亩、2.5 ～ 3 kg/ 亩。对于有机燕麦生产，不允许施用无机肥，一般结合整地施用有机肥，或者播种时使用分层播种机施入颗粒有机肥作为种肥。

3. 追肥

根据土壤肥力情况，在燕麦分蘖 – 拔节期进行追肥，遵循前促后控原则，结合降雨或灌溉施入，具体如下：

①在基肥和种肥施用充足情况下，可不追肥，尤其在水肥条件好的地块，防止燕麦倒伏。

②在不施基肥的情况下，如果土壤肥力较好的黏土和壤土，种肥使用充足的情况下，可不追肥；土壤肥力较差，土质为砂壤土或砂土的地块，需结合降雨或灌溉追施尿素，施用量一般为 3 ～ 5 kg/ 亩。

③对于有机燕麦生产，不追施无机肥。有机肥肥效长，追施后难以及时供应燕麦，一般不建议追施有机肥。

（七）灌水

在有灌溉条件的地区，如遇干旱，需适时灌水，实现燕麦高产。灌溉水质应符合《农田灌溉水质标准》（GB 5084—2021）的要求，不能用污水进行灌溉。

①在 3 ～ 4 叶时，进行第一次灌水，正值燕麦分蘖，小穗分化时期，此时灌水有利于小穗分化。

②在拔节期—抽穗期，进行第二次灌水，该时期为燕麦营养生长期和生殖生长期并进时期，是水肥最大效率期。灌水可达到穗大、穗多，实现燕麦高产。

③在开花期—灌浆期，进行第三次灌水，该时期正是高温时期，及时灌水，满足燕麦对水分的需求，有利于籽粒饱满。

（八）收获

1. 籽粒生产

进入蜡熟期即可用稻麦联合收割机直接脱粒或用小型割晒机收获籽粒。

2. 饲草生产

进入灌浆期即可收获饲草，留茬高度 8 ～ 10 cm，鲜草青贮或调制青干草。

二、不同生态类型燕麦栽培关键技术

（一）旱作区燕麦抗旱栽培关键技术

1. 黄腐酸浸种抗旱栽培技术

黄腐酸是腐殖酸中一种分子量较低的水溶性有机物，是一类具有较大开发和综合利用潜力的有机资源，其含有多种活性基团，分子量较低，易被植物吸收，可以提高作物产量和质量，被称为广谱的植物生长调节剂。黄腐酸具有促进植物生长、增强作物抗逆性的效果。

（1）浸种浓度

选用黄腐酸（N+P+K ≥ 200 ng/L，浓度 1 g/mL）稀释至 200 倍，备用。

（2）浸种方法

选取饱满、大小均一的种子，用稀释 200 倍的黄腐酸溶液浸种 9 h，浸种时要进行暗处理，浸种结束后晾干播种。

2. 叶面喷施腐殖酸 / 黄腐酸抗旱增产栽培技术

（1）施用浓度

选用黄腐酸 (N+P+K ≥ 200 ng/L，浓度) 用水稀释到 500 倍。

（2）施用方式

在拔节期、抽穗期和灌浆期于晴朗无风的上午进行叶面喷施，喷施量为 75 mL/ 亩，喷施 3 d 内，如遇雨，需重新喷施。

3. 施用土壤改良剂蓄水保墒栽培技术

旱作区施用聚丙烯类、腐殖酸和膨润土土壤改良剂，一方面能够起到蓄水保墒作用，另一方面可以改善土壤结构，改良土壤，促进燕麦生长，维持农田生态环境平衡。

（1）施用方式

春季播种前将聚丙烯酸钾、聚丙烯酰胺、腐殖酸、膨润土撒施地表，随后进行旋耕或翻耕，将其与土壤混合，耕作深度为 15 ～ 20 cm。

（2）施用量

根据土壤情况确定施用量，砂质土壤聚丙烯酸钾和聚丙烯酰胺施用量为 5 kg/ 亩，腐殖酸施用量为 100 kg/ 亩，膨润土施用量为 1 200 kg/ 亩；土壤为砂质栗钙土，聚丙烯酸钾和聚丙烯酰胺施用量为 4 kg/ 亩，腐殖酸施用量为 100 kg/ 亩，膨润土施用量为 1 200 kg/ 亩。

（3）施用时间

一般聚丙烯酸钾、聚丙烯酰胺和腐殖酸每年施用 1 次，膨润土一般为 5 ～ 7 年施用 1 次。

4. 保水剂配施微生物菌肥蓄水保墒技术

（1）保水剂和微生物菌肥选择

选用农林保水剂（钾盐型）；微生物菌肥有效活菌数（cfu）≥ 1.0 亿 /g，总养分≥ 15%，总 N ≥ 12.0%，有机质≥ 20%，水分≤ 3.0%，施用量为 100 kg/ 亩。

（2）施用量

播种前将保水剂和微生物菌肥撒施地表，随后进行翻耕或旋耕，深度 15 ～ 20 cm，保水剂施用量为 3 kg/hm^2，微生物菌肥用量 2.7 kg/hm^2。

5. 旱作覆膜微垄沟穴播抗旱栽培技术

（1）地膜选择

选用宽 1 200 ～ 1 300 mm 普通地膜；考虑生态效益，可选用宽 1 200 ～ 1 300 mm 微生物降解地膜，根据生态区地膜厚度选择 0.006 mm 以上、降解诱导期 45 d 以上的。

（2）播种方式

采用燕麦覆膜穴播一体播种机播种，膜外行距 50 ～ 70 cm，行距 20 cm，穴距 15 cm，穴粒数 9 ～ 11 粒；微垄高 5 ～ 7 cm，垄背宽度 20 cm；垄背覆土宽度 10 ～ 25 cm，覆土厚度 1 ～ 2 m；播种深度 3 ～ 5 cm，覆土厚度 1 ～ 2 cm（图 2-19）。

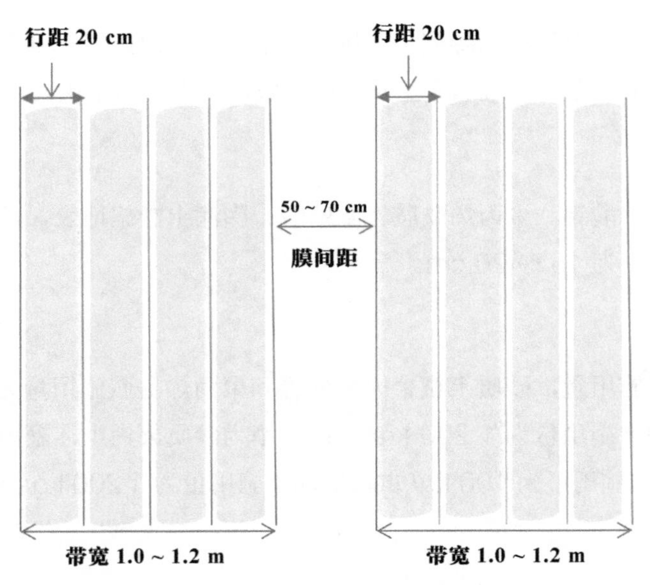

图 2-19　覆膜穴播种植模式

其他栽培技术参考本节（一）部分。

（二）水浇地燕麦栽培关键技术

1. 宽幅条播抗倒伏栽培技术

（1）种植密度

播种量为 10 kg/ 亩，保苗数 40 万株 / 亩。

（2）播种方式

采用 2BF-6 宽幅条播机播种，幅宽 15 cm（图 2-20）。

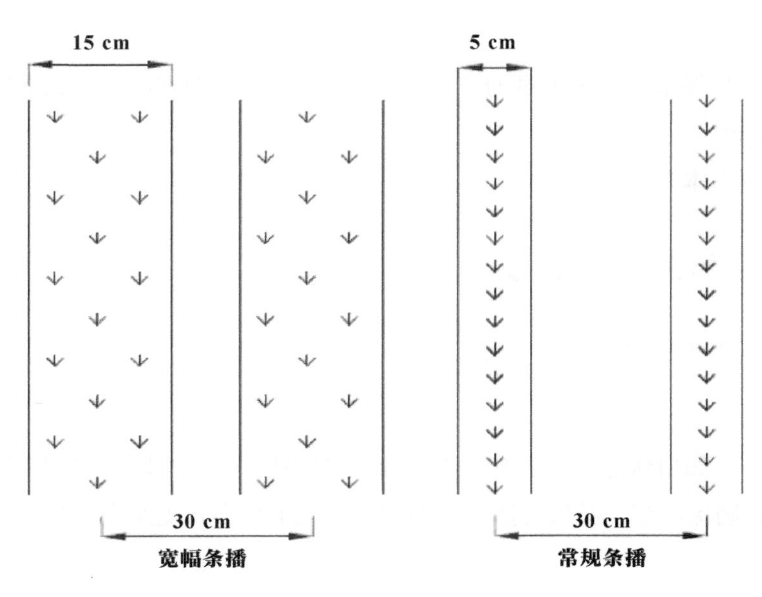

图 2-20　不同播种方式示意

2. 燕麦滴灌缩行带状节水高效种植模式

（1）带状缩行模式

行距由 20 cm 缩到 15 cm 带状种植，8 行为一带，带宽 1.05 m，带间隔 30 cm，每带铺设 2 根滴灌管，滴灌管间隔 60 cm（图 2-21）。

图 2-21　种植模式示意

（2）保水剂施用方式

选用聚丙烯酸钾型保水剂，施用量为 3 kg/ 亩，保水剂和肥料在播前均匀撒施，结合旋耕施入，施入深度 20 ～ 25 cm。

其他栽培技术参考本节（一）部分。

（三）盐碱地燕麦栽培关键技术

1. 中轻度盐碱地深翻深播技术

（1）品种选择

选择耐盐碱品种，如白燕 2 号、白燕 7 号、坝莜 18 号、张莜 14 号。选择饱满、均匀一致的种子。适当加大播量，确保出苗。裸燕麦播种量为 10 ～ 15 kg/ 亩，皮燕麦播种量为 15 ～ 20 kg/ 亩。

（2）深翻

秋季深翻或春季播种前 1 个月深翻，深翻深度 25 ～ 30 cm。

（3）适当深播

播种深度 5 ～ 7 cm。采用麦类播种机进行条播，行距 20 ～ 25 cm。播后及时耙耱，起到蓄水保墒效果。

（4）灌水

秋季或春季进行大水灌溉 1 次，主要是起到洗盐压盐效果。生育期灌水采用滴灌或喷灌高效节水灌溉方式。若遇干旱，播种后需灌水，滴灌量为 15 ～ 30 m^3/ 亩；苗期到分蘖期灌溉 1 次，灌溉量 20 ～ 30 m^3/ 亩；拔节期到抽穗期灌溉 1 次，灌溉量 30 ～ 40 m^3/ 亩；抽穗期到灌浆期灌溉 1 次，灌溉量 20 ～ 25 m^3/ 亩。具体灌水视降雨情况而定。

（5）中耕除草

盐碱地应及时中耕除草。灌溉或降雨后尽早中耕，可避免造成土壤板结，盐分积于地表。

2. 中轻度盐碱地燕麦栽培技术

施入 1 500 kg/ 亩土壤调理剂（总养分≥ 15%，总氮≥ 12.0%，有机质≥ 20%），土壤调理剂均匀撒于地表，用旋耕机浅旋，旋耕深度为 20 ～ 25 cm。品种选择、播种及田间管理与本节（一）部分相同。

3. 中轻度盐碱地燕麦苜蓿 / 披碱草混播种植技术

（1）施肥

播种前施有机肥 1 500 kg/ 亩，种肥为磷酸二铵，施用量为 10 kg/ 亩。

（2）播种量

裸燕麦播种量为 10 ～ 15 kg/ 亩，皮燕麦播种量为 15 ～ 20 kg/ 亩，苜蓿播种量为 1 kg/ 亩，披碱草播种量 2 ～ 3 kg/ 亩（图 2-22）。

（3）播种方式

可采用种肥分层播种机播种，燕麦与苜蓿 / 披碱草同行播种，播种行距 20 ～ 25 cm，播深 4 ～ 5 cm。

图 2-22　盐碱地燕麦与披碱草混播生长情况

4. 中重度盐碱地秸秆还田配施菌肥燕麦栽培技术

（1）秸秆还田

秸秆为粉碎的玉米秸秆，长度小于 10 cm。播种前将秸秆均匀撒在地表，施入量为 400 kg/ 亩，用旋耕机进行浅旋。

（2）施用菌肥

选用有效活菌数（cfu）≥ 10.0 亿 /g，有机质≥ 45%，黄腐酸≥ 16%，微分子有机碳≥ 8% 的菌肥，按照 100 kg/ 亩撒施地表，用旋耕机进行旋耕，旋耕深度 10 ～ 15 cm。

其他措施与本节（一）部分相同。

5. 中重度盐碱地覆膜穴播燕麦栽培技术

利用普通地膜或全生物降解地膜覆盖，地膜选用厚度 0.006 mm 以上，地膜宽度 1 200 ～ 1 300 mm；采用燕麦一膜五行覆膜穴播一体机播种，行距 20 cm，穴距 10 ～ 15 cm，每穴 8 ～ 12 粒；苗期—拔节期在膜间中耕 1 次（图 2-23）。其他措施与本节（一）部分相同。

其他栽培技术参考本节（一）部分。

图 2-23　重度盐碱地覆膜穴播燕麦生长情况

（四）沙地燕麦栽培关键技术——免耕栽培技术

1. 品种选择

选用耐瘠薄、抗旱性强的燕麦品种。

2. 播种

采用种肥分层免耕机播种，沙地较为贫瘠，燕麦播种不宜过密，以 8 kg/ 亩最好；对于水和有机肥源较好的沙地，可适量增加，最多不超过 10 kg/ 亩。

3. 施肥

作为种肥，随播种使用 N、P_2O_5 和 K_2O 分别为 3 ～ 5 kg/ 亩、1.5 ～ 3 kg/ 亩、2.5 ～ 3 kg/ 亩。也可施用颗粒有机肥，施用量根据有机肥养分含量确定，一般施用 35 ～ 40 kg/ 亩。在分蘖—拔节期，需结合降雨或灌溉追施尿素，施用量一般为 3 ～ 5 kg/ 亩。

其他栽培技术参考本节（一）部分。

（五）中西部皮燕麦双季生产关键技术

1. 生产范围

内蒙古大于等于 10 ℃积温为 2 700 ℃以上的地区。

2. 整地

第一季燕麦种植以秋翻整地为宜，耕翻深度 20 ～ 25 cm，翻后耙耱、整平，随整地施入 1 000 ～ 1 500 kg/ 亩腐熟农家肥作为基肥。第二季在第一季收获后旋耕整平。

3. 播种时间

第一季在 0 ～ 5 cm 土壤温度达到 5 ℃即可播种，一般为 3 月下旬至 4 月中旬；第二季播种时间为 6 月下旬至 7 月中旬。

4. 播种量

裸燕麦播种量一般为 12 ～ 15 kg/ 亩，皮燕麦播种量一般为 18 ～ 20 kg/ 亩，第二季播种量增加 10%。

5. 灌溉

采用滴灌或喷灌高效节水灌溉方式，第一季苗期至分蘖期灌溉 1 次，灌溉量为 15 ～ 20 m^3/ 亩、拔节期至抽穗期灌溉 1 次，灌溉量为 35 ～ 40 m^3/ 亩、抽穗期至灌浆期灌溉 1 次，灌溉量为 20 ～ 25 m^3/ 亩；第二季视土壤墒情灌溉。灌溉水应符合《农田灌溉水质标准》（GB 5084—2021）要求。

6. 收获

第一季燕麦草进入灌浆期采用甩刀式压扁割草机进行刈割，留茬高度 8 ～ 10 cm，鲜草裹包青贮或调制青干草；第二季收获青干草。收获质量应符合《牧草收获机械　作业质量》（NY/T 991—2020）和《割草压扁机质量评价技术规范》（NY/T 2850—2015）的规定。

其他栽培技术参考本节（一）部分。燕麦复种第一茬生长情况见图 2-24。

图 2-24　燕麦复种第一茬生长情况

第三节　藜麦栽培技术

藜麦有较高的营养价值和广泛的适应性，具有耐贫瘠、耐旱、耐盐碱、防风固沙的作用。我国种植藜麦面积超过 10 万亩，内蒙古作为全国最大的藜麦种植基地，主要在赤峰市、凉城县、四子王旗、武川县等地种植藜麦。目前，已形成了阴山丘陵区节水丰产栽培、科尔沁沙地栽培、锡林郭勒盟藜麦种绳机械化种植、大兴安岭灌溉区栽培等关键技术。

一、藜麦栽培技术要点

（一）选地

藜麦对土壤的适应能力比较强，砂壤土、壤土和砂土均可种植藜麦。选择土地平整、耕层深厚、排水良好、中等肥力以上的地块。藜麦忌连作，与非藜科作物进行轮作倒茬，前茬以豆类、玉米、马铃薯等作物为宜。

（二）整地

以秋翻整地为宜，翻耕深度 20 ～ 30 cm，耙耱整平，使土壤细碎平整、上虚下实、无坷垃和根茬。

（三）施基肥

结合整地，亩施入 1 000 ～ 1 500 kg 优质农家肥或 100 ～ 200 kg 商品有机肥 +15 kg 磷酸二铵（N ：P_2O_5=18 ：46）+15 kg 复合肥（N ：P_2O_5 ：K_2O=15 ：15 ：15），后期不再追肥。

（四）播种

1. 品种选择

选择籽粒色泽和大小均匀一致的种子，净度≥ 95%，发芽率≥ 95%，水分≤ 13%，生育期 110 ～ 125 d，优质、高产、抗逆性强的品种。

2. 播种时间

播种时间一般为 5 月初至 5 月底，选择在降雨后播种，有利于种子出苗。

3. 机械播种

采用精量穴播机（或谷子播种机）进行播种，播量为 0.15 ～ 0.30 kg/ 亩，播种时拌 0.7 kg 炒熟的谷子。

4. 合理密植

播种深度不超过3 cm，行距50 cm，株距25 cm。出苗后要做好查苗工作，为了保证藜麦产量，若缺苗严重，应该及时补苗。当幼苗长至15 cm左右时，要适当间苗，保证每株藜麦都有充分的生长空间，可以将留苗数量增加，保证在全苗的状态。

（五）水分管理

藜麦具有耐旱特性，对水分需求量不多，但灌溉对壮苗及籽实产量有显著影响。生育期内降雨多，不宜多浇水，否则营养生长过旺，会导致营养生长和生殖生长失衡，易感病和倒伏；藜麦灌浆期对干旱胁迫敏感，需水量较大；进入成熟期需水量明显减少。结合土壤墒情进行适量灌溉，整个生育期灌溉2～3次。

（六）中后期管理

当株高30～50 cm时，进行机械中耕、除草、培土，培土5～10 cm，促进根系生长，防止后期倒伏。同时配合进行人工除草，不可使用除草剂。

（七）追肥

藜麦灌浆期用磷酸二氢钾（0.1%～0.2%）或硝酸钙（2%～3%）等进行叶面追肥，以延缓植株衰老，防止倒伏。

（八）收获

9月底至10月初，当藜麦大部分叶片变黄或红，并萎蔫脱落，秸秆开始变干，种子变硬，用指甲难以掐破时可开始收获。选择晴天用镰刀收割藜麦穗，捆成小捆晾晒风干，用脱粒机脱粒或碾压脱粒，然后晾干、去杂、储藏保存或加工。

二、内蒙古阴山丘陵区藜麦高产栽培关键技术

（一）品种选择

选用适合阴山丘陵区种植的耐寒、耐旱、耐贫瘠的藜麦品种。

（二）播期

内蒙古阴山丘陵区藜麦适宜播期为 5 月 5—15 日。在土壤墒情较差时，在灌水后或降雨后进行播种。

（三）合理密植

采用宽窄行种植，宽行距 60 cm，窄行距 40 cm，穴距 26 ～ 30 cm，每穴留双株，留苗数为 9 000 ～ 10 000 株 / 亩。

（四）施肥量

内蒙古阴山丘陵区藜麦实现高产高效的适宜施氮量（纯 N）为 8 ～ 10 kg/ 亩，施 P_2O_5 为 7 ～ 8 kg/ 亩，施 K_2O 为 3.5 ～ 4 kg/ 亩。

其他栽培技术参考藜麦栽培技术要点。

三、科尔沁沙地藜麦种植关键技术

（一）品种选择

选用耐贫瘠且抗倒伏性强的藜麦品种。

（二）播种

播种方式为穴播，每穴播种 5 ～ 10 粒，株距为 13 cm，行距为 50 cm。出苗后视苗情进行补苗，4 ～ 6 叶时间苗。

其他栽培技术参考藜麦栽培技术要点。

四、锡林郭勒盟藜麦种绳播种高膜机械化栽培关键技术

（一）品种与覆盖物选择

选择生育期适宜、丰产的优良品种。目前当地种植的主要品种有灰藜麦、黑藜麦、红藜麦、白

藜麦、黄藜麦、饲草藜麦等，选宽 1.2 m 的无纺布作为覆盖物。

（二）缠种

种子缠绳机是由排种系统、拧绳系统、卷绳系统 3 部分组成，先由种子缠绳机的排种系统采用振动气吸原理将精选的藜麦种子按照 20 cm 的穴距、3 粒 / 穴的播量均匀播在宽为 2 mm 的纸带上，为了增加种绳的强度，纸带上放有一根细线；再由拧绳系统将种子、细线和纸带捻成种绳；最后，由卷绳系统将种绳卷盘备用。

（三）播种方法

通过拖拉机挂载种绳播种机播种，种盘挂在种绳播种机的两侧，将绳的端部固定在地头，搭配其他机械可同时完成开沟、放种绳、覆土、覆无纺布膜、铺滴灌带、喷药等多项作业。起高 10 cm、宽 90 cm 的垄，垄面开 2 条种植浅沟，2 行种绳直播，大行距 70 cm，小行距 50 cm，播深 1 ～ 1.5 cm，无纺布覆于种植沟顶部，与种植沟形成类似小拱棚结构的高膜覆盖。播种要均匀一致，不能出现断绳现象。亩播种量为 0.08 kg，较常规播种节省种子 50% 以上，种绳播后在土中遇水融化，种子发芽，对土地无污染。

其他栽培技术参考藜麦栽培技术要点。

五、大兴安岭南麓灌溉区藜麦栽培关键技术

（一）基肥

结合整地施入底肥，施入充分腐熟的农家肥 1 000 ～ 1 500 kg/ 亩，或商品有机肥 100 ～ 200 kg/ 亩。

（二）播种

1. 品种选择

选用优质、高产、抗逆性强的藜麦品种。

2. 播种时间

5 cm 土层温度稳定在 10 ℃以上即可播种，一般在 4 月下旬至 5 月中旬。

3. 播种

采用机械条播，播深 2 ～ 3 cm，播种后及时镇压，播量为 0.3 ～ 0.5 kg/ 亩，行距 50 ～ 60 cm。

4. 种肥

随分层播种机每亩施用 N 3 ～ 5 kg，P_2O_5 3 ～ 5 kg，K_2O 3 ～ 5 kg。

（三）田间管理

1. 中耕除草培土间苗

在幼苗株高 10 ～ 20 cm 时，进行第一次中耕除草，株高 40 ～ 60 cm 时，进行第二次中耕除草培土，培土高度为 5 ～ 10 cm。

2. 灌溉

采用高效节水灌溉方式，在播种后、始花期和灌浆期及时灌水。

其他栽培技术参考藜麦栽培技术要点。

第四节　燕麦病虫草害研究

一、燕麦田病害发生及防治情况

全世界报道燕麦病害共 49 种，其中真菌性病害 20 种，细菌病害 6 种，已经定名的病毒病害 5 种，未定名的 15 种，线虫病害 1 种，生理性病害 2 种。燕麦病害是影响燕麦产量和品质的重要因素之一。内蒙古燕麦病害主要有叶部病害，叶斑病（*Drechslera avenae*）、炭疽病（*Colletotrichum graminicola*）、锈菌（*Puccinia coronata*）、白粉病（*Erysiphe graminis*）；根部及茎基部病害，根腐病（*Fusarium avenaceum*）、立枯病（*Rhizoctonia solani*）；穗部病害，散黑穗菌（*Ustilago avenae*）、坚黑穗菌（*Ustilago segetum*）、赤霉病（*Fusarium* spp.）；细菌性病害，细菌性叶枯病（*Pantoea agglomerans*）、细菌性条纹叶枯病（*Pseudomonas syringae* pv. *striafaciens*）、细菌性斑点病（*P. avenae*）、细菌性条斑病（*Xanthomonas campestris* pv. *translucens*），以及线虫病和红叶病等。不同地区，不同年份病害发生的种类和危害情况也有所不同。普遍对产量和品质影响较大的病害有炭疽病、红叶病和叶斑病，偶尔的年份锈病发生也较重；在春季温度低湿度较大的年份根腐病和立枯病较严重。

目前，关于燕麦病害，没有引起种植户的充分重视，生产中只有针对燕麦坚黑穗病，采取拌种方法进行控制，其他病害均不采取任何防治措施，由于病害造成燕麦整株或叶片过早枯死，所以对产量影响较大。燕麦病害症状详见表 2-1。

表 2-1　燕麦病害症状

病害类型	病害名称	主要危害部位	症状
真菌病害	叶斑病（*Drechslera avenae*）	叶片和叶鞘	发病初期病斑呈水浸状，灰绿色，后渐变为浅褐色至红褐色，边缘紫色。病斑四周有一圈较宽的黄色晕圈。
	炭疽病（*Colletotrichum graminicola*）	叶片、叶鞘、茎、籽粒	叶片染病初生梭形至近梭形黄褐色病斑，严重的病斑中央溃烂撕裂，病斑上可见黑色小点。发病严重时，整株燕麦的叶片全部枯死，叶片上布满小黑点。
	白粉病（*Erysiphe graminis*）	叶片和叶鞘	病部初期呈分散的白色粉斑，为病菌分生孢子梗和分生孢子，后期病斑连片，布满整个叶片，白色粉层逐渐变为灰色，病斑上散生小黑点。
	坚黑穗病（*Ustilago segetun*）	穗部	抽穗期可见，染病种子的胚和颖片被毁坏，其内充满黑褐色粉末状冬孢子，其外具坚实不易破损的灰色膜。冬孢子黏结较坚实不易分散，收获时仍呈坚硬块状。
	散黑穗病（*Ustilago avenae*）	穗部	病株矮小，仅是健株株高的 1/3 ～ 1/2，抽穗期提前。病状始见于花器，染病后子房膨大，致病穗的种子充满黑粉，外被一层灰色膜，灰色膜容易破裂，散出黑褐色的粉末，仅留下穗轴。
	燕麦锈病（秆锈病原为 *Puccinia graminis* f. sp. *tritici*；冠锈病原为 *Puccinia coronate* f. sp. *avenae*）	秆锈病主要危害茎秆、叶鞘、叶片和穗；冠锈病多见于叶片、叶鞘和穗上	发病初期，叶片上产生橙黄色至红褐色椭圆形疱斑，后期稍隆起，且较小，即夏孢子堆。孢子堆破裂后，散发出夏孢子。后期燕麦近枯黄时，在夏孢子堆上产生黑色的冬孢子堆。
细菌病害	燕麦细菌性条斑病（*Pseudomonas avenae*）	叶片和叶鞘	发病部位，形成浅褐色或红褐色条状病斑，沿叶脉扩展。
病毒病	燕麦红叶病，大麦黄矮病毒（Barley yellow dwarf virus，BYDV）	整株	燕麦幼苗染病，可能会出现叶脉间失绿，严重的发育迟缓，分蘖增加、小花败育等症状。植株分蘖后感染病毒，会导致新生叶片和叶尖出现变红，以及老叶死亡。

续表

病害类型	病害名称	主要危害部位	症状
线虫病	燕麦孢囊线虫病（*Heterodera avenae*）	根部	田间植株表现分蘖减少、矮化、萎蔫、发黄等营养不良症状，或大面积缺苗。危害燕麦根部，病株根尖生长受抑制，造成多重分枝和肿胀，次生根增多，根系纠结成团。受害根部可见附着孢囊，柠檬形，开始灰白，成熟时呈褐色。叶片由紫红色渐变为黄色，似缺氮症状。

二、燕麦田虫害发生和危害情况

燕麦田常见的害虫有蚜虫、黏虫、鳃金龟、细胸金针虫、华北蝼蛄、小地老虎等。对于内蒙古冷凉地区，燕麦田害虫危害不严重。通常情况蚜虫发生最重，而且蚜虫还是红叶病毒病的传播介体，加重了红叶病的发生。偶尔的年份有黏虫发生。

三、燕麦田杂草发生和危害情况

（一）燕麦田杂草发生和危害情况

在内蒙古地区，燕麦田杂草是影响燕麦产量和品质的重要因素。主要发生的是旱地杂草，常见的有 30 多种，其中禾本科杂草野稷、狗尾草、稗草、虎尾草、阔叶草藜、猪毛菜、反枝苋、刺藜、扁蓄、苣荬菜等发生严重（表 2-2）。

表 2-2　燕麦田杂草发生和危害情况调查结果

调查地点	地理情况	杂草种类 杂草密度 /（株数 /m²）
武川上秃亥	武川气候类型属中温带大陆性季风气候。最冷月为 1 月，平均气温 -14.8 ℃，最热月为 7 月，平均气温 18.8 ℃。无霜期 124 d 左右。历年平均降水为 354.1 mm 左右	狗尾草（235）、野稷（129）、虎尾草（41）、马唐（14）、早熟禾（12）、藜（23）、马齿苋（25）、反枝苋（3）、刺黎（19）
武川大豆铺	武川气候类型属中温带大陆性季风气候。最冷月为 1 月，平均气温 -14.8 ℃，最热月为 7 月，平均气温 18.8 ℃。无霜期 124 d 左右。历年平均降水量为 354.1 mm 左右	狗尾草等禾草（24）、藜（5）、驴耳风毛菊（34）、野胡萝卜（15）、打碗花（2）、苦菜（14）、蒲公英（1）、田旋花（1）、扁蓄（4）

续表

调查地点	地理情况	杂草种类 杂草密度 /（株数 /m²）
武川毛黑沟	武川气候类型属中温带大陆性季风气候。最冷月为1月，平均气温 −14.8 ℃，最热月为7月，平均气温 18.8 ℃。无霜期 124 d 左右。历年平均降水量为 354.1 mm 左右	狗尾草（2）、野稷（40）、藜（65）、卷茎蓼（31）、苣荬菜（42）、马齿苋（1）、反枝苋（2）、猪毛菜（3）、刺黎（5）、牻牛儿苗（1）、打碗花（2）、苍耳（1）、蒲公英（2）、田旋花（3）、扁蓄（3）、驴耳风毛菊（5）
察哈尔右翼中旗大滩乡财务营子	察哈尔右翼中旗境内地势平坦，平均海拔 1 700 m 左右。昼夜温差大，年平均气温为 1.3 ℃，年降水量少而集中，平均为 300 mm，无霜期 100 d 左右。属中温带大陆性气候。土壤多为砂壤土	卷茎蓼（35）、野燕麦（25）、狗尾草（5）、野稷（10）、苦菜（8）、藜（6）、马齿苋（3）、猪毛菜（3）、刺藜（2）、牻牛儿苗（1）、打碗花（1）、苍耳（2）、扁蓄（5）
察哈尔右翼中旗八音乡	察哈尔右翼中旗境内地势平坦，平均海拔 1 700 m 左右。昼夜温差大，年平均气温为 1.3 ℃，年降水量少而集中，平均为 300 mm，无霜期 100 d 左右。属中温带大陆性气候。土壤多为砂壤土	禾本科杂草（25）、野胡萝卜（22）、苦菜（28）、藜（16）、黄花蒿（6）、青蒿（4）
呼和浩特市	呼和浩特属典型的蒙古高原大陆性气候，四季气候变化明显，年温差大，日温差也大。无霜期，低山丘陵区 130 d 左右，日照时间：年均 1 600 h。平均年降水量 335.2 ～ 534.6 mm，土质较肥沃	狗尾草（12）、野稷（5）、虎尾草（4）、马唐（1）、早熟禾（2）、稗草（5）、藜（15）、马齿苋（23）、反枝苋（15）、猪毛菜（1）、刺藜（2）、牻牛儿苗（1）、打碗花（1）、苦菜（1）、苍耳（2）、蒲公英（1）、田旋花（1）、扁蓄（3）、青蒿（2）、黄花蒿（2）、刺儿菜（2）、沙蓬（1）、酸模叶蓼（1）、青麻（1）、曼陀罗（1）
察哈尔右翼后旗	境内海拔高程平均 1 500 m。察哈尔右翼后旗属中温带半干旱大陆性季风气候。日照充分、风多雨少，冷热不匀。年平均气温 3.4 ℃。年平均日照数 986.2 h，年平均无霜期 70 ～ 102 d，平均年降水量 292 mm	狗尾草等禾草（13）、藜（100）、驴耳风毛菊（3）、卷茎蓼（1）、黄花蒿（2）、青蒿（1）、猪毛菜（2）、扁蓄（1）
化德	地处中温带，属半干旱大陆性季风气候。年平均气温 2.5 ℃，年均降水量 330 mm，雨水大都集中在 6—8 月。年均无霜期 102 d。年平均日照 3 078.7 h，太阳辐射强	扁蓄（50）、藜（20）
商都	平均海拔 1 400 多米。属中温带大陆性季风气候，干燥少雨，地下水富集。平均气温为 3.1 ℃，无霜期 120 d 左右，年均降水量 351.5 mm	狗尾草等禾草（40）、藜（25）、白茅（6）

续表

调查地点	地理情况	杂草种类 杂草密度 /（株数 /m²）
和林	属于中温带半干旱大陆性季风气候。年平均气温在 6.2 ℃左右。平均年降水量为 392.8 mm	狗尾草等禾草（20）、藜（13）、马齿苋（2）、反枝苋（3）、猪毛菜（16）、刺藜（3）、牻牛儿苗（2）、打碗花（3）、苦菜（6）、苍耳（2）、蒲公英（1）、田旋花（2）、扁蓄（2）、驴耳风毛菊（3）、野西瓜苗（2）、青麻（1）、米口袋（1）、地锦（1）、青蒿（2）、黄花蒿（3）、刺儿菜（2）、沙蓬（3）、酸模叶蓼（2）
清水河	平均海拔高度 1 373.6 m。属半干旱典型的大陆性气候。年平均气温 7.5 ℃，无霜期平均为 135 d 左右。平均年降水量 410 mm	狗尾草（26）、虎尾草（236）、藜（36）、青蒿（6）、刺藜（6）、牻牛儿苗（1）、打碗花（2）、苦菜（9）、苍耳（3）、田旋花（5）、扁蓄（4）、蒺藜（3）、米口袋（1）、地锦（1）、刺儿菜（2）
凉城	属中温带半干旱大陆性季风气候。年平均气温为 5 ℃，年日照时数 3 000 多小时，年均降水量为 350 ～ 450 mm	稗草（126）、狗尾草（10）、野稷（6）、虎尾草（6）、藜（23）、反枝苋（23）、猪毛菜（2）、刺黎（3）、牻牛儿苗（2）、打碗花（3）、苦菜（6）、苍耳（2）、蒲公英（1）、田旋花（2）、扁蓄（6）、驴耳风毛菊（3）、酸模叶蓼（2）
集宁农科院试验田	地处中温带，属大陆性季风气候四季特征明显。平均年降水量 150 ～ 450 mm。年平均气温一般在 0 ～ 18 ℃，无霜期 95 ～ 145 d	狗尾草（6）、野稷（2）、藜（26）、酸模叶蓼（30）、苍耳（36）、圆叶锦葵（23）
集宁民丰薯业	地处中温带，属大陆性季风气候四季特征明显。平均年降水量 150 ～ 450 mm。年平均气温一般在 0 ～ 18 ℃，无霜期 95 ～ 145 d	藜（500）、狗尾草等禾草（36）、扁蓄（236）
四子王旗	地处中温带大陆性季风气候区。年平均气温在 1 ～ 6 ℃。其特点是春温骤升、秋温剧降、无霜期短，为 78 ～ 142 d。平均降水量在 110 ～ 350 mm	狗尾草等禾草（26）、藜（136）、卷茎蓼（36）
包头萨拉齐	属典型大陆性半干旱季风气候，年平均气温 7.5 ℃，7 月气温最高平均 22.9 ℃，无霜期 135 d 左右，年日照平均 3 095 h，平均年降水量 346 mm。海拔高度 2 337.8 m	狗尾草等禾草（29）、反枝苋（255）、藜（129）、马齿苋（3）、猪毛菜（9）、苦菜（2）、苍耳（8）、蒲公英（1）、田旋花（1）、扁蓄（1）
包头市	属典型大陆性半干旱季风气候，年平均气温 7.5 ℃，7 月气温最高平均 22.9 ℃，无霜期 135 d 左右，年日照平均 3 095 h，平均年降水量 346 mm。海拔高度 2 337.8 m	狗尾草（2）、野稷（2）、虎尾草（13）、马唐（6）、早熟禾（3）、马齿苋（76）、藜（9）、扁蓄（5）、反枝苋（2）、蒲公英（2）、猪毛菜（1）、刺藜（2）、曼陀罗（2）、打碗花（4）、苦菜（6）、苍耳（4）、田旋花（2）、蒺藜（2）

（二）燕麦田杂草防除技术研究

1. 精选种子

除去燕麦种子中掺杂的杂草种子，筛选优质种子，保证出苗齐，出苗壮。

2. 施足底肥、平整土地

施用腐熟有机肥，每亩加施 10 ～ 15 kg 的磷酸二铵；播种前平整土地。

3. 适当晚播

较正常播种时间推迟 1 周左右。

4. 适当浅耕或耙耱

自然降雨或浇灌后，在播种前在保证土壤墒情的条件下，适当浅耕或耙耱。除去已萌发的杂草幼芽或幼苗。

5. 控制行距，合理密植，适时灌水

尽量密植，控制行距，行距控制在 15 ～ 20 cm，提倡宽幅条播的播种方式，播幅控制在 10 cm 左右；播种量为 10 kg/ 亩；水浇地在燕麦 3 ～ 5 叶期及时灌水，加速燕麦生长，增加燕麦的竞争优势。

6. 化学防治

播种后立即喷施 45% 二甲戊灵微胶囊剂（田普），用量为 150 ～ 180 mL/ 亩，用水量 60 ～ 120 kg/ 亩。可防除禾本科杂草和阔叶杂草。砂土地用最低量，有机质含量高的用最高量。喷施前平整土地，喷药保证药土层为 1 ～ 2 cm，喷后整个生长季不能破坏药土层。最好在中午较热时喷施。该除草剂喷施时土壤湿润效果最好，要保证用水量，有条件的用药后在土表层喷水，土壤干燥效果不好。要精准量地，精准用药。

（三）燕麦田检疫性杂草监测

野燕麦是乌兰察布地区主要的外来杂草，在燕麦田有分布，需要关注其发生和危害情况，探索防控措施。

第五节　藜麦病虫草害研究

目前我国藜麦种植面积约 20 万亩，种植区域主要分布在内蒙古、青海、甘肃、河北、山西等省区。内蒙古全区 11 个盟市藜麦种植总面积超过 10 万亩，已成为我国最大的藜麦种植基地，藜麦产业发展初具雏形。随着藜麦产业的发展，病虫草害问题严重发生。

一、藜麦病虫草害发生和危害情况

（一）藜麦的病害发生和危害情况

藜麦病害研究报道的较少，内蒙古主要有霜霉病、立枯病、叶斑病、根腐病和穗腐病等（表 2–3）。叶部病害主要有霜霉病和叶斑病，通常引起早期叶衰，其中叶斑病在内蒙古种植区均有发生，发生最为普遍，危害较为严重，是影响藜麦生长发育造成减产的主要原因，偶尔年份霜霉病发生较重；根部病害主要有镰刀菌引起的根腐病和丝核菌引起的立枯病，在春季播种早、温度低、湿度大时危害较重。穗腐病在 8 月雨水较大的年份发病重。

表 2–3　藜麦病害症状

病害类型	病害名称	危害部位	症状
真菌病害	叶斑病（*Alternaria alternata*）	叶片	叶片正面有近圆形病斑并伴有少量霉层；严重时致叶片脱落
	穗腐病（*Cladosporium cladosporioides*）	麦穗	颖壳上出现橄榄色点状霉层；严重时造成麦穗枯死、籽粒空瘪
	根腐病（*Fusarium* spp.）	根部	根部腐烂，造成叶片发黄、植株死亡
	立枯病（*Rhizoctonia* spp.）	根部	根茎基部变黑，腐烂，直立枯死
卵菌病害	霜霉病（*Peronospora variabilis*）	叶片	叶片正面有不规则病斑，背面伴有霉层；严重时致叶片脱落

（二）藜麦的虫害发生和危害情况

在内蒙古藜麦主要种植区，主要发生的害虫有甜菜筒喙象甲、藜麦根蛆、甜菜大龟甲、草地螟、斜纹夜蛾、盲蝽、旋幽夜蛾和甘蓝夜蛾等，尤其是藜麦根蛆近年来发生严重、影响了藜麦正常生长发育以及产业的发展。

（三）藜麦草害发生和危害情况

藜麦田草害是影响藜麦产业的重要因素之一。藜麦田主要分布的是旱地杂草，主要有野稷、稗草、狗尾草、虎尾草、画眉草等禾本科草，藜、刺藜、反枝苋、苍耳、卷茎蓼、驴耳风毛菊等一年生阔叶杂草，蒲公英、苣荬菜、打碗花、田旋花和刺儿菜等多年生杂草。

由于藜麦播种时株行距较大，控草能力差，田间杂草种子量大的田块危害非常严重，对产量影响较大。另外，旱地杂草的主要种类就有藜，藜和藜麦均属于藜科，防除难度大，目前没有较好的防除方法，生产中不采取任何除草措施。化学除草剂对于苗期使用防除禾本科杂草比较容易，但是没有办法防除阔叶草，因此寻找藜麦田除草技术是生产中急需解决的问题。

二、藜麦病虫害草综合防治

（一）抗病品种

利用抗病品种是病害最有效、经济的手段之一。如内蒙古红藜 1 号具有高产、耐旱及较广的生态适应性等特点。

（二）合理轮作

连作是藜麦病虫害频发的主要原因之一。合理轮作可降低病虫害在土壤中存活率从而减轻病虫害的发生。出现根蛆的田块需要 4 年以上轮作。

（三）调整播期

藜麦一般播种时间为 5—6 月，在不影响藜麦生长的情况下，可以适当早播或者晚播避开病虫害侵染从而减轻病虫害的发生。

（四）田间管理

秋季清理农田、深耕土地，春季耙磨土地，及时中耕除草。

（五）物理防治

对象甲类害虫可在藜麦田周围挖防虫沟捕获成虫；对根蛆可在田间放置蓝色粘虫板；对斜纹夜蛾、旋幽夜蛾和甘蓝夜蛾等鳞翅目害虫采用灯诱、性诱、食诱等方法诱杀成虫；对盲蝽可使用黄色粘虫板。

（六）化学防治

藜麦叶斑病主要使用 12.5% 的烯唑醇可湿性粉剂 3 000 ～ 4 000 倍液喷雾防治，一般防治 1 ～ 2 次即可收到效果。

藜麦常见虫害可每亩用 3% 的辛硫磷颗粒剂 2 ～ 2.5 kg 于耕地前均匀撒施，随耕地翻入土中。也可以每亩用 40% 的辛硫磷乳油 250 mL，兑水 1 ～ 2 kg，拌细土 20 ～ 25 kg 配成毒土，撒施地面翻入土中，防治地下害虫。

（七）种子处理

藜麦霜霉病可提前对藜麦种子使用药剂拌种、浸种等方法，消灭种子表面的病原菌。

（八）生物防治

对于象甲可用 60 g/L 乙基多杀菌素悬浮剂进行喷雾；对盲蝽、根蛆、鳞翅目幼虫等可用 1.3% 苦参碱水剂 600 ～ 800 倍液进行喷雾。

第三章

内蒙古燕麦藜麦各产区产业发展优势和存在问题

内蒙古地处蒙古高原，横跨东北、华北、西北地区，地域辽阔，大部分耕地为丘陵、山地或高原草甸。以温带大陆性季风气候为主，气候冷凉、干燥，昼夜温差大。年降水量在 50 ～ 550 mm，但降水量集中，雨热同期。无霜期短，在 80 ～ 150 d，但光照充足，光能资源非常丰富，大部分地区年日照时数都大于 2 700 h。这种生态生产条件，为燕麦和藜麦的生长发育提供了充裕的光照，积累了养分，完全适宜生长期短、耐瘠、耐寒、日照长的燕麦和藜麦生长的要求，由于特殊的地理位置与生态环境，内蒙古的燕麦和藜麦生产具有其他区域不可比拟的区域发展优势，是我国杂粮的最好产地，也是有机燕麦和藜麦种植的首选地区。特别是燕麦作为优质的饲草饲料作物，具有耐旱耐瘠的特性，适应性强，能为舍饲和半舍饲为主的农区畜牧业提供充足的优质饲草饲料，也可作为退耕还林还草的过渡作物，是沙地和盐碱地改良建设的先锋作物，为建设国家重要农畜产品和筑牢我国北方重要生态安全屏障两大任务方面发挥了重要的作用。

第一节　呼伦贝尔市产业发展优势与存在问题

一、产业发展优势

（一）呼伦贝尔市产区的产业政策

1．政策优势

农业农村部 2022 年印发的《“十四五”全国饲草产业发展规划》中将饲用燕麦包括青贮和干草作为重点发展和支持的品种。

2．种植补贴

内蒙古对饲用燕麦种植给予 100 元 / 亩的种植补贴。

3．农机购置补贴

补贴标准为高性能免耕播种机测算比例不超过 35%，其余机具品目测算比例不超过 30%，其中 100 马力以上拖拉机、高性能青饲料收获机、大型免耕播种机、大型联合收割机单机补贴限额不超过 15 万元；200 马力以上拖拉机单机补贴限额不超过 25 万元。

（二）呼伦贝尔市产区的产业发展优势

1．适宜的生长条件

呼伦贝尔市土地总面积35 192.55万亩，耕地面积2 682.9万亩，人均耕地面积10.5亩，是全国平均水平的7.3倍。耕地土壤以黑土、暗棕壤土、黑钙土和草甸土为主，土质肥沃，自然肥力高。呼伦贝尔市的水资源非常丰富，大兴安岭是诸多河流的发源地和天然分水岭。燕麦种植区地处大兴安岭西侧，土质肥沃、有机质含量高、气候冷凉、昼夜温差大、生长期降雨集中，有利于干物质积累，产品品质好。干物质含量达89.6%，粗蛋白质含量可达8.15%，有效粗蛋白质含量可达7.62%。丰富的水土资源为发展呼伦贝尔市牧草产业提供了重要的基础保障。

2．草食畜牧业互补优势

呼伦贝尔市是畜牧业发展大市，饲用燕麦是气候严酷、暖季短暂、冷季漫长的高寒牧区主要饲草，是解决季节性缺草、保护草地资源、促进草地畜牧业可持续发展的关键。将燕麦与畜产品生产基地建设紧密结合，坚持草牧结合，不仅能够提高牧民收入水平，还能提高牛羊等草食家畜的生产性能，推动乳肉产业的可持续发展，减轻草原放牧压力，使退化草原得以恢复，促进生态友好型畜牧业的发展。

3．轮作倒茬培肥地力优势

呼伦贝尔市岭西地区由于种植作物种类少，燕麦产业的发展增加了耕地轮作的品种。燕麦藜麦等品质优良饲草的种植，一方面保养土壤，对于培肥地力、减少水土流失和土地侵蚀、保护生态环境和生态系统具有明显的优势，另一方面也为畜牧业发展“粮”草先行，提供在枯草期补饲用的青贮和青干牧草，保证家畜安全越冬、维持正常的畜牧业生产。

4．机械化程度较高

呼伦贝尔市耕地面积大、地势平坦，适于大型机械作业。目前，呼伦贝尔市牧草产业发展以呼伦贝尔农垦集团和草业公司为主体，经营规模较大，机械化水平较高。尤其是呼伦贝尔农垦集团，拥有国内外先进的农牧业机械设备，机械装备能力强，田间农业综合机械化水平达99%。

二、产业存在问题

（一）种质资源少

尽管燕麦品种繁多，但燕麦在呼伦贝尔市近几年才大面积引进，种植历史短，种质资源相对较少，种子质量差，这使得生产商在选择品种时面临很大的局限性。此外，由于缺乏优质种质资源，许多种植者不得不依赖传统品种，而这些品种的产量和品质往往不稳定，导致生产效率低下。

（二）产量不稳

燕麦的产量不稳定也是一大问题。由于气候、土壤、病虫害等因素的影响，燕麦的产量经常波动，这给生产商带来了很大的不确定性。为了应对这一问题，许多生产商试图引进新的种植技术，以提高产量和品质，但这些技术的实施难度较大，需要投入大量的人力和物力资源。

（三）农机农艺不配套

呼伦贝尔市对牧草机械化重视不够，科研投入不足，创新力度不够，产品开发能力弱，产品更新换代缓慢，制约了牧草机械化水平提升。目前呼伦贝尔市牧草收获机械虽初步形成了散草、方捆、圆捆、压垛作业工艺系统，但每种作业工序间机具与动力配套性差，用户不能根据自己的经营规模选择合适的机具，机具使用效率不高。

（四）种植技术落后

燕麦产业的种植技术落后也是一大问题。尽管现代农业技术已经取得了很大的进步，但在燕麦种植领域，许多地方仍然采用传统的种植方法。此外，燕麦生产相关的施肥管理、灌溉管理、杂草防除、病虫害防治等一系列关键技术问题还没有彻底解决，这不仅降低了生产效率，而且增加了燕麦品质的不稳定性。

（五）产业化水平低

目前，呼伦贝尔市只有少数企业开始重视燕麦的品牌包装及深加工，而且燕麦产业销售市场还没有完全打开，总体上呈“市内自给自足，部分产品滞留，市周边及其他区域饲草产品短缺”的局面。同时，仍然以销售原材料为主，迫切需要加大产品开发力度，建立健全完善的销售体系，运用现代的营销手段，将燕麦产品广泛推向市场，实现“生产 - 加工 - 销售”全链条发展，提高企业经济效益。

第二节　兴安盟产业发展优势与存在问题

一、产业发展优势

兴安盟地处我国北部边疆，位于内蒙古东部，大兴安岭腹地，北与呼伦贝尔草原相连；东南与松嫩平原接壤；西南与锡林郭勒、科尔沁草原交错，是大兴安岭向松嫩平原过渡带。南北跨度380 km，东西跨度320 km，位于北纬44° 14′～47° 39′、东经119° 28′～123° 38′。兴安盟地形呈阶梯形由西向东南倾斜，属浅山丘陵区，气候属于温带大陆性季风气候，年平均气温在 -1.8～7.1 ℃，年平均降水量320～469 mm，年日照时数2 670～2 984 h，≥ 10 ℃活动积温1 900～3 100 ℃，无霜期90～150 d，南北差异大，跨越5个积温带，代表着内蒙古全区东部生态环境类型、气候土壤特点、作物结构分布。具有自然环境优良、土地资源丰富、水资源纯净、无污染的特点。

兴安盟土地资源丰富，现有耕地面积1 700万亩，以坡耕地为主，占总耕地面积的60%以上。兴安盟中北部属于半农半牧区，全盟草原面积4 451万亩，其中可利用草原面积3 918万亩。《国务院办公厅关于促进畜牧业高质量发展的意见》中要求，“健全饲草料供应体系，因地制宜推行粮改饲，增加青贮玉米种植，提高苜蓿、燕麦草等紧缺饲草自给率”。《内蒙古自治区人民政府关于印发自治区国民经济和社会发展第十四个五年规划和2035年远景目标纲要的通知》中强调，“打造以黄河流域、西辽河 - 嫩江流域及北方农牧交错带、北部牧区寒冷地区为重点的优质饲草产业带，在内蒙古东部大力发展畜牧业，完善饲草料等产业链，因地制宜发展蒙中药材、燕麦、荞麦等特色产业”。《国务院印发〈关于推动内蒙古高质量发展奋力书写中国式现代化新篇章的意见〉》中指出，“加快推进农牧业现代化，提升国家重要农畜产品生产基地综合生产能力，扩大粮改饲试点，建设羊草、苜蓿、燕麦等优质饲草基地”。因此，发展饲用燕麦既可以增加种植业中饲用作物的种植种类，提高养殖业的经济效益，促进农业增值和农民增收，也是贯彻国家基本方针的要求。

畜牧业是兴安盟半农半牧区经济发展的支柱产业，为了合理发展现代农牧业，形成粮草兼顾、农牧结合、循环发展的新型种养结构，促进粮食作物、经济作物、饲草料三元种植结构协调发展，各级政府采取很多有力措施，不断调整农牧业产业结构，坚持把畜牧业作为农牧业结构调整的重点领域，农牧结合日益紧密，畜牧业发展势头强劲。

以牧草为主要养分来源转化而来的牛奶和牛羊肉等畜产品占世界畜产品产量的一半以上，燕麦因其具有较强的抗逆性和较高的营养价值成为牲畜的主要饲料来源之一，因此大力发展燕麦饲草产业，加大饲用燕麦在发展畜牧业的农牧区进行产业化发展，推广农闲田种草和草田轮作，引导改变牛羊养殖过多依赖精饲料的饲养模式，减少饲料粮消耗，减少牛羊养殖过程中玉米和豆粕等精饲料用量，能够实现“化草为粮”“以草代粮”，更是实施乡村振兴战略、促进农业结构调整和三产融合发展的重要抓手。

针对内蒙古农牧业发展战略，着力探索适应兴安盟地区畜牧业发展的技术路线，调整农业结构，保护生态环境，突破关键技术制约，可以进一步促进畜牧业健康发展。燕麦是一种优良的一年生粮饲兼用作物，其对高寒干旱极端逆境的适应性强、生育期短、覆盖面大、带动力强，作为饲草其适口性好、干物质采食量高、可消化纤维含量高、高蛋白质、低钾，是奶牛养殖中重要的优质饲草，还可作为退耕还林还草的过渡作物。培育适宜当地种植的燕麦新品种，配套科学种植的栽培技术，可以解决畜牧业对饲草产量和品质的需求。为此，兴安盟将燕麦饲草生物育种纳入内蒙古生物育种技术创新中心的主要任务，集聚国内顶尖生物育种的科研力量，聚焦生物育种核心研究领域，遵循“研发先行、创新先行”的发展原则，加强种质资源及核心技术的自主创新，完善新型产品研发的顶层设计，针对饲草产业开展优质种质资源的收集、保存、创新利用和生物新品种栽培技术研究。同时，兴安盟大部分地区适合采用饲用燕麦的复种模式，不仅增加了单位面积饲草产量和经济效益，还对解决耕地紧缺及粮食安全具有重要意义。

生态优先、绿色发展既是内蒙古发展的战略导向，也是内蒙古五大任务中的第一大任务，达到生态与经济和谐发展，可进一步推动内蒙古社会经济发展态势。兴安盟作为地域广阔、高海拔、干旱冷凉的北方农牧交错地区，有着与藜麦原产地安第斯山非常相似的自然气候特点，适合藜麦大面积推广种植，形成规模效应。从发展健康农业的角度来看，藜麦被称为“粮食之母”，具有丰富、全面的营养价值，富含多种氨基酸，比例适当且易于吸收，具有补充营养、增强机体功能、修复体质、预防疾病、抗癌、减肥、辅助治疗等功效，适于所有群体食用。从发展畜牧业的角度来看，藜麦作为饲草，不仅产草量高、适口性好，其整株蛋白质含量高、质量好，作为干饲料或青贮饲料，促进牛羊产奶效果不低于其他优质饲草，是非常理想的饲草作物。

兴安盟地貌丰富，野生资源较多，对于发展特色农业有着明显的优势。燕麦藜麦同属功能农作物，依托区位、资源优势，紧紧围绕农牧业发展、农村稳定、农牧民增效的目标，充分挖掘燕麦藜麦增收潜力，切实加快全盟农牧业特色产业发展步伐，有效发挥“农牧互补，以农促牧”，推进草食畜牧业转型升级，助推兴安盟农牧业高质量发展。

二、产业存在问题

燕麦藜麦在兴安盟地区虽具有天然的地理优势，但种植发展仍存在问题。第一，燕麦藜麦品种匮乏且混杂严重、耕作方式粗放导致部分区域燕麦藜麦产量和品质不高，生产水平低、经济效益表现不尽如人意，生产中，受市场需求影响，种植面积不稳定，大部分是自产自用，缺少标准化、专业化、规模化管理；第二，种源不足。农民自己留种、串换用种以及购进商品粮作为种子使用，种子质量难以保障，造成生产中品种混杂、退化，致使产量不高不稳。第三，兴安盟地区对于燕麦藜麦的研究水平还有待提高，缺乏具有自主知识产权的高产优质燕麦藜麦新品种，制约着燕麦藜麦新品种、新技术的科技研发和创新发展。燕麦作为饲草饲料的研究不够深入，缺乏系统的针对燕麦在畜牧养殖上的营养价值、利用价值和发挥作用进行的研究，产业发展急需科技支撑以解决低产低效问题。第四，燕麦主产区主要集中在边远落后地区，大多在贫瘠的土地上种植，规模较小且零散，从种到收由农牧民根据经验进行，存在耕作粗放、生产条件较差、资金投入不足、产业化应用落后等，往往导致增产不增收。而对燕麦的技术培训局限在示范县技术骨干、种植大户，科技普及率不高，制约着燕麦藜麦在兴安盟地区的发展。第五，与先进地区相比，该地区燕麦藜麦产业发展缺少龙头企业带动和规模化生产，一、二、三产业融合发展不均衡；同时，在燕麦藜麦生产上缺少政策支持，农牧民种植积极性有待更大的提高。

第三节 通辽市产业发展优势与存在问题

一、产业发展优势

通辽市位于松辽平原（即东北平原，由三江平原、松嫩平原、辽河平原组成）西端、科尔沁草原腹地，地处吉林、辽宁、内蒙古三省交会处，区位优越、交通发达，为经济发展开通了畅达的“快速通道”。位于北纬 42° 15′～45° 41′、东经 119° 15′～123° 43′；占地面积 59 535 km^2，草原面积 5 129 万亩。通辽市地势南部和北部高，中部低平，呈马鞍形。北部为大兴安岭南麓余脉的石质山地丘陵，占通辽总面积的 22.8%，海拔高度 400～1 300 m；南部为辽西山地边缘的浅山、黄土丘陵区，占通辽总面积的 7.0%，海拔高度 550～730 m；中部为西辽河流域沙质冲积平原，占通辽总面积的 70.7%，海拔高度 120～320 m，其中在西辽河流域冲积平原与山地、丘陵之间的过渡地带分布着起伏不平的沙丘和沙地，海拔高度 200～400 m。通辽市年平均气温 0～6 ℃，年平均日照时数 3 000 h 左右，≥ 10 ℃积温 3 000～3 200 ℃，无霜期 140～160 d，平均年降水量 350～400 mm，蒸发量是降水量的 5 倍左右。通辽市地带性土壤为栗钙土，其余土壤主要有风沙土，灰色草甸土等 10 个种类，以风沙土为主，占总面积的 43.5%。属于温带大陆性气候和温带季风气候过渡地带，四季分明（春季干旱、多大风，夏季炎热多雨，秋季短促且凉爽，冬季寒冷漫长而少雪），适宜于农牧业发展。

通辽市属于农牧结合类型区，种植业以高粱、玉米、大豆、小麦和蓖麻等为主，畜牧业兼有乳肉两用的产业，农牧业较为发达，是国家实施“一带一路”和内蒙古推进向北开放的重要战略节点，也是国家重要商品粮和畜牧业生产基地。近年来，通辽畜牧养殖业不断发展壮大，草食畜牧业步伐加快，牛羊存出栏量不断增加，特别是肉牛存出栏量和增长速度居全国第一位，具有“中国草原肉牛之都”之称。“农者，天下之本也”，把内蒙古建成我国北方重要农畜产品生产基地是习近平总书记交给内蒙古的五大任务之一，也是加快建设农牧业强区的关键抓手。按照习近平总书记的指示和部署要求：“主动承担粮食安全责任，主动提升畜牧业质量，主动调整种养业结构，扎实推进农牧业创新提质”。而牧草产业是联结种养的重要产业，为现代养殖业提供物质支撑。《内蒙古自治区人民政府关于印发自治区国民经济和社会发展第十四个五年规划和2035年远景目标纲要的通知》中强调，大力发展畜牧业，完善饲草料产业链，成了通辽市畜牧养殖业转型升级的关键时期。畜牧养殖业高质量发展的需要，给燕麦产业带来了新的机遇。因此，结合通辽实际情况，围绕草食畜牧业需求，以粮改饲等支持政策为导向，发展燕麦饲草产业，牢牢守住保障国家粮食安全和重要农畜产品供给这条底线，全面推进乡村振兴战略，全力建设国家重要农畜产品生产基地，加快推进农牧业农村牧区现代化，凝心聚力推动乡村振兴取得新进展、农牧业和农村牧区现代化迈出新步伐。

通辽市地处科尔沁草原腹地，作为地域辽阔的高海拔干旱冷凉地区，拥有得天独厚的牧区、农牧交错区和农区，土地资源丰富，人均耕地面积大，属温带大陆性季风气候区，雨热同季，昼夜温差大，日照充分，适合种植藜麦。藜麦属于喜冷凉和高海拔的作物，食用和饲用的营养价值都比较高。食用方面，因其营养成分较为全面、丰富，被联合国粮食与农业组织列为世界粮食安全和人类营养最有前途的“超级食物”。饲用方面，藜麦不仅产草量高，适口性好，营养价值也高，能满足优质饲草的要求，是牧业饲草理想的作物之一。

通辽市农牧业条件得天独厚，土地辽阔、水资源丰富、四季分明、雨热同期、气候适宜，独特的气候条件适宜于农牧业发展。畜牧业快速带动燕麦藜麦产业发展。近几年，通辽市肉牛、肉羊产业发展势头强劲，饲草料价格持续增长，种养结合模式效益越来越高，农牧民种草养畜积极性高。通辽市着力构建农牧结合、粮草兼顾、为牧而农、种养循环的种养结构，充分发挥“以草带畜、以畜促草、草畜一体”，助推农牧业持续健康、绿色高质量发展具有重要指导意义和积极促进作用。

二、产业存在问题

燕麦藜麦在通辽地区作为粮饲兼用的优质饲草，发挥着不可替代的优势，但在种质资源、种植栽培、加工等方面仍存在一定的问题。一是缺乏优质燕麦藜麦种质资源，良种体系不健全，不能满足市场发展需求。二是农牧民对燕麦藜麦认知甚少，栽培水平不高，生产水平低，且宣传推广力度差，农牧民种植积极性下降。三是本地区燕麦藜麦科研水平低，导致燕麦藜麦产量和品质不高，制约着燕麦藜麦在通辽地区的发展。结合实际需求，需要加强基础研究和应用研究水平。四是缺少规模化龙头企业的带动，一、二、三产业融合度不高；企业创新能力不强，资源配置不合理、经营管理水平有待提高；同时，生产能力较低、产品加工不规范、新产品开发不足，导致燕麦藜麦发展的质量和效益不高。

第四节　赤峰市产业发展优势与存在问题

一、产业发展优势

（一）自然环境适宜，种植历史悠久，优势区域相对集中

赤峰市位于内蒙古中东部地区，是干旱山坡丘陵地貌的典型地区，适宜种植耐寒、耐旱、耐瘠薄、耐盐碱的各类杂粮杂豆。赤峰杂粮品质好、产量高、种植历史悠久、栽培水平高、适宜地方产业发展。而燕麦是赤峰地区传统的特色杂粮作物，其生育期短，耐旱，耐瘠薄，并且适宜在干旱半干旱地区的冷凉地区种植，赤峰市的生态环境非常适合燕麦生长，常年播种面积 60 万亩左右，并且目前已经形成了克什克腾旗的粮用燕麦、阿鲁科尔沁旗的饲用燕麦种植的相对明确的特色农产品区域布局，这些优势区域相对集中，对于燕麦产业规模化的发展有利。

（二）品质优良，原料供应充足

赤峰地区种植燕麦藜麦的区域气候条件适宜，高寒漫甸，生产的燕麦藜麦品质好，远离工业区，病虫害发生相对少，稍加管控生产的燕麦藜麦易达到有机无公害标准。同时，赤峰地区自有燕麦藜麦加工企业少，在收获季节，主要的燕麦原粮供应当地加工企业绰绰有余，目前燕麦原粮除供应当地需求外还销售到河北、山西等地区，原粮供应充足。

（三）种植结构调整和轮作倒茬优选作物

燕麦作为我国北方农牧交错地区优质牧草和苜蓿轮作倒茬替换作物，在种植结构调整中有主要作用。赤峰市阿鲁科尔沁旗是我国著名的“中国草都”，常年种植苜蓿达 70 万亩左右，面对大面

积的苜蓿轮作问题，燕麦就是当地最佳优选作物，农户或草业公司有自发轮作燕麦的习惯，轮作面积最高的年份，燕麦种植面积可达 20 万亩。随着中国草都产业的发展和畜牧业、奶业振兴对饲草需求的推动，赤峰市的燕麦产业发展潜力较大。

二、产业存在问题

（一）认识不够到位，科技创新动力不足

燕麦属小宗杂粮作物，藜麦又是新兴产业，国家和地方政府均没有将其纳入种粮、良种补贴和重要经济考核指标，多数地区对燕麦藜麦产业的特殊优势和发展前景缺乏足够的认识，技术粗放、广种薄收、投入不足、产量不高、基础设施薄弱、布局规划散乱、比较效益低，农民种植积极性不高，科技创新推动力不足。

（二）品种混杂退化，面积面临下滑

由于对品种重视程度不够，饲用燕麦品种依赖国外进口、粮用燕麦品种大部分为自留种和串换种，近年来受选用品种退化、混杂，田间管理不当，大宗农作物补贴、劳动力的减少等多因素影响，加之高标农田建设，水利条件的改善，大部分适宜种植的地块改种其他效益较高的作物。过去传统的燕麦种植区域，随着条件的改善和部分企业的介入，改种植谷子、藜麦或其他经济收效较高的作物，燕麦面积下降严重，面积和产量明显下滑。

（三）缺少加工企业，农民种植比较效益低

一是以粮用燕麦种植为主的地区没有大型加工企业，燕麦主要以原粮形式出售到周边地区，加工与原料种植没有形成合力，反哺种植业，原粮销售效益偏低，不能充分调动农民的积极性，很多地方农民投入少或不投入，广种薄收，靠天吃饭，产业效益难以提升。

二是以饲用燕麦种植为主的地区企业多为外地草业公司或大型奶业公司的原料基地，种植的燕麦草自产自销或直接收购，统一供种、种植、收获并运输到企业总部进行加工或销售，而当地燕麦种植户收益极低。

三是以藜麦加工为主的企业少，目前本地企业更是凤毛麟角，企业经营模式主要是企业自身在种植、加工、销售等环节全权负责，企业经营模式单一，无法发挥企业的引领带动作用。

第五节　锡林郭勒盟产业发展优势与存在问题

一、产业发展优势

锡林郭勒盟大部分地区属于燕麦的黄金种植区，燕麦品质优良；畜牧业较为发达，对饲用燕麦及粮用燕麦秸秆的需求量较大；对于无法浇水的旱作农业地区，粮用燕麦是农民的首选作物。

（一）环境优势

锡林郭勒盟位于内蒙古中部，土地总面积 20.26 万 km^2。锡林郭勒盟属北部温带大陆性气候，其主要气候特点是风大、干旱、寒冷。平均降水量 295 mm，由东南向西北递减。年日照时数为 2 800 ～ 3 200 h，日照率 64% ～ 73%，无霜期 110 ～ 130 d，有效积温在 1 900 ～ 2 100 ℃。燕麦作为一种粮饲兼用作物，抗贫瘠、耐寒、耐旱，锡林郭勒盟大部分地区属于燕麦的黄金种植区，且燕麦品质优良。

（二）产业优势

锡林郭勒盟燕麦种植、莜面食用历史悠久，且种植面积较为稳定，近三年燕麦种植面积均在 95 万亩左右；燕麦是马铃薯、甜菜、葵花、大田蔬菜轮作及无法水浇的旱作农业的首选作物；目前锡林郭勒盟有自治区级燕麦产业相关龙头企业 1 家，作坊式莜面加工企业 5 家。牧业年度（6 月末）牛存栏 212.07 万头，羊存栏 1 062.75 万只，猪存栏 4.81 万头。锡林郭勒盟作为全国的优质牛羊肉生产基地，牛羊肉品质享誉全国，优质燕麦草需求量巨大。

二、产业存在问题

（一）旱作技术落后，产量无法保障

旱作燕麦技术较为落后，虽然目前已全面普及全程机械化，但就旱作自然降水利用，倒茬肥力合理利用、抗倒伏技术较落后，产量不稳定，农牧民种植燕麦积极性不高。

（二）地价高，效益空间有限

近些年锡林郭勒盟马铃薯、葵花、甜菜种植面积增长迅速，土地流转费用逐年增加，2023 年租地费用旱地 100 ～ 350 元 /（亩 · 年），水浇地 400 ～ 800 元 /（亩 · 年），燕麦亩产值为 300 ～ 900 元，种植燕麦效益有限，且受气候影响较为明显，农牧民种植积极性不高。

（三）没有针对性保险，生产没有保障

燕麦通常作为马铃薯、葵花的倒茬种植，马铃薯、葵花种植后的土壤会有一部分肥力残留，如果燕麦生长后期雨水较多容易发生倒伏，造成减产。目前锡林郭勒盟没有针对燕麦的农业保险，灾后损失严重。

（四）政策补贴少，无法调动积极性

目前种植裸燕麦没有专项补贴，部分旗县裸燕麦随小麦粮食直补可享受补贴，每亩补贴 7 ～ 10 元，农牧民积极性较低。

第六节　乌兰察布市产业发展优势与存在问题

一、产业发展优势

（一）市场发展环境优势

一是燕麦具有特殊的食疗价值，备受人们喜爱。燕麦作为药、食双重功效兼备的重要食品资源，在健康饮食中扮演着十分重要的角色。二是燕麦属于无公害绿色粮食，食品安全保障程度高。燕麦种植地区偏僻，远离污染，在现代有机、健康、安全食品生产中占有重要地位。三是燕麦属于劳动密集型农业产品，产品附加值较高。燕麦生产过程中机械化程度低，因而成本高、单产较低且不稳定，具有很大的增产技术提升空间和优质产品生产技术提升潜力，具有十分广阔的市场开发和产业开发前景。四是燕麦在种植业结构调整中有不可替代作用。燕麦生育期短，适应性广，具有耐旱、耐瘠、耐盐碱等特点，既可作为复种、填闲和救灾作物，又适宜生产条件差的丘陵山地、新垦荒地和旱薄地种植，还可与其他作物实行间作、套种、混种，提高土地利用率，优化农作物种植结构。

五是企业投资燕麦产业热情高涨。近年来，国内外大中型企业纷纷加入农产品加工领域，投身特色作物加工产业，这将有力拓宽燕麦产业发展空间，提升燕麦产业化加工水平，延长燕麦产业化发展链条，促进我国燕麦产业化加工升级，推进燕麦产业化提升，促进燕麦产业化全面发展。

（二）种植历史优势

乌兰察布市作为燕麦发源地之一，流传久远的民谣乌兰察布三件宝“莜面、山药、羊皮袄”，是乌兰察布市燕麦种植历史和燕麦文化的真实写照。燕麦作为乌兰察布市传统农作物，发展优势明显。据《内蒙古农牧业资源》记载，阴山南北裸燕麦约有 1 100 年的栽培历史，阴山南北是我国燕麦黄金产区的核心区，种植面积约占全国的 50%，居全国之首。乌兰察布市 11 个旗县市区均处阴山南北，处在我国燕麦黄金产区核心区，目前全市燕麦种植面积稳定在 150 万亩以上，产量在 2.5 亿斤以上，种植面积和产量均居全国地级市之首。

（三）有机绿色优势

地理气候优越决定了乌兰察布市具备发展高品质燕麦的条件。乌兰察布市地处北纬 41° ～ 43° ，平均海拔在 1 400 m 左右，昼夜温差大、日照长等气候特点，造就了乌兰察布市燕麦独一无二的品质。此外，乌兰察布市燕麦产区工业化、城镇化程度较低，水、土、肥、气受到的污染极少，产出的燕麦外观完整、大小均匀、颗粒饱满、光泽度好、病虫害少，内在品质优良，营养丰富，无论内在外观都具备了天然绿色的特性。尤其是阴山一带的燕麦全国知名，营养价值和品质居全国之首，素有“阴山莜麦甲天下”的美誉，成为我国燕麦原粮的最好产地，也是有机燕麦种植的首选地。2016 年“乌兰察布莜麦”被农业部登记为地理标志产品。

（四）区位交通优势

“北京向西一步，就是乌兰察布”，东距首都仅 240 km，100 min 的高铁、40 min 的飞机即可进京。是“一带一路”和中欧班列唯一一个不是省会城市的枢纽节点城市，也是连接东北、华北、西北三大经济区的重点枢纽城市。优越的区位交通优势，为乌兰察布市打造中国优质燕麦集散中心提供了保障。

（五）科研技术优势

乌兰察布市开展燕麦研究工作时间较早，早在 20 世纪 70 年代乌兰察布盟农业科学研究所就是全国主要的燕麦育种单位之一，科研成果享誉全国，在长期的生产实践中积累了丰富的经验。

2016年12月乌兰察布市又成立了“乌兰察布市燕麦院士专家工作站”，组建了以任长忠院士为首席及10名岗位核心专家的科研团队，依托国家燕麦产业体系专家的人才技术资源优势，通过“产学研用”相结合的形式，开展新品种的“引育繁推”一体化创新模式，突破了留茬免耕、绿色防控等一批关键技术。

（六）产业经营优势

乌兰察布市现有燕麦产业研发、加工、销售于一体的大型企业10家，中小企业200余家。内蒙古阴山优麦有限公司打造的国家级农业产业化示范园区，目前已建成集燕麦产品加工、仓储物流、燕麦文化与品牌推广为一体的燕麦运营平台。内蒙古塞主粮食品科技开发有限公司已建成中国第一家燕麦养生科普馆。龙头企业带动了燕麦种植，延长了产业链条，推动了产业健康发展。

（七）信息平台优势

大数据产业是乌兰察布市的新兴主导产业，素有“草原云谷，南贵北乌”的美誉。目前全市已有华为、苹果、阿里巴巴、优刻得等7个数据中心落地，服务器规模达到100万台，大数据信息技术与农业深度融合，已成为带动乌兰察布市燕麦产业发展的新引擎。乌兰察布市计划利用大数据汇集数据资源构建从前端田间种植管理精准指导生产到产品开发和质量追溯以及终端市场销售的大数据应用系统，通过大数据应用提升产品质量和市场竞争力。

二、产业存在问题

（一）品种混杂，良种繁育体系不完善

据调查虽然乌兰察布市燕麦良种覆盖率已达到40%，特别是由乌兰察布市农林科学研究所引进的“坝莜1号”“坝莜8号”和“白燕2号”等燕麦新品种初步形成规模化、区域化种植。但缺乏高产优质品种及规范化、标准化生产基地，配套的栽培技术应用不够，对产量、质量造成不利影响。目前籽粒收购价为2.1元/斤，种植收益280元/亩左右，加上没有健全的燕麦补贴政策，使得农户对燕麦种植的积极性降低。

（二）科技含量不高，深加工产品少

虽然乌兰察布市处于燕麦全球黄金产区，但燕麦产业生产加工能力弱、产品附加值低。燕麦产

业在我国尚属新兴产业，多年来乌兰察布市燕麦销售主要以原料为主，虽有加工企业，但多数加工工艺落后，产品科技含量较低，市场体系尚不健全，科研、生产、加工、出口尚未形成一体化，这也是乌兰察布市燕麦卖价很难提高的原因之一。

（三）规范化管理技术缺乏

目前乌兰察布市燕麦的科研经费仍存在不足的问题，新品种选育、规范化栽培管理技术研究等工作仍然进展缓慢，尤其在燕麦规范化栽培、病虫害防治、有机产品生产标准化等方面缺乏必要的技术贮备，难以适应当前生产发展的需要。

（四）小农经济思维重，品牌意识差

目前乌兰察布市缺乏成熟的商业环境，自给自足的小生产方式占主导。大部分仍是传统的生产方式，家庭经营，分工协作水平低，与关联产业缺乏有机的联系。不利于燕麦品牌的形成，阻碍燕麦资源向燕麦经济转变。品牌意识需要从头开始，需要顶层设计，需要营造氛围，需要开辟专业的、持续的宣传渠道。

第七节　呼和浩特市产业发展优势与存在问题

一、产业发展优势

呼和浩特市燕麦产业区域主要集中在武川县，武川县地处呼和浩特市正北方，是世界公认的裸燕麦黄金生长带以及我国农牧交错带，拥有特殊的地理气候条件，被称为“燕麦之乡”。近年来武川县结合高原特色生态区域特点，以“两麦一薯一羊”（燕麦藜麦、马铃薯和肉羊）为抓手，通过龙头企业带动以及科研院所、合作社、种植大户集体发力，大力推动农业种植结构调整，促进燕麦藜麦产业体系升级，努力提升旱作农业综合效益，作为乡村振兴和巩固脱贫成果的特色产业来发展。其中“两麦”指燕麦和藜麦，每年全县燕麦种植面积保持在30万亩左右，藜麦种植面积在4万亩左右。如今武川县燕麦和藜麦产业已初步形成引、繁、推、加、销、贮的全产业链格局，具有独特的地方产业发展优势。

（一）武川燕麦原料品质优良

武川县年均降水量为 300 mm 左右，主要集中在 7—9 月，占全年降水量的 70% 左右，降水分布规律与燕麦需水规律基本吻合，加之雨热同季，对燕麦生长发育十分有利，是我国优质燕麦的主要产区；武川县燕麦产区海拔均在 1 000 m 以上，高纬度、高海拔形成日照充足、昼夜温差大的特点，使得生产的燕麦色泽好、口感好、品质优，其籽粒中 β- 葡聚糖、蛋白质和脂肪含量均居全国前列；武川县高寒干旱冷凉的地理气候条件使得种植燕麦病虫害发病少，极少喷施农药，具有发展绿色、有机燕麦不可比拟的优势。

（二）武川拥有悠久的种植历史和饮食文化

武川县素有中国的“燕麦故乡”和“莜面之乡”之称，具有悠久的种植历史和饮食文化，武川莜面是内蒙古“山药、莜面、大皮袄”极具代表性的三宝之一，素有“武川莜面甲天下”的美誉，“武川莜面”为国家地理标志保护产品，“内蒙古武川燕麦传统旱作系统”已成功入选农业农村部第六批中国重要农业文化遗产。燕麦产业已经成为该县农民脱贫致富重点特色产业，也是县党政确定的进入新时代凝心聚力攻坚克难做强做优做大、巩固脱贫成果、推进乡村振兴的重要支柱产业。

（三）武川县燕麦藜麦产业集聚效应初具规模

近年来，随着燕麦藜麦营养保健功能价值的开发和人们对食品营养价值的追求，给燕麦产业发展提供了前所未有的发展机遇。在新一轮结构调整中，一批杂粮基地已逐渐形成。武川县现已形成了以燕谷坊、禾川、西贝汇通、智邦、有机联创、塞宝等具有较强竞争力的知名加工企业，并形成了从种子生产到餐饮休闲的全产业链发展模式。尤其是燕麦藜麦营养保健作用受到越来越多消费者的关注与青睐，燕麦产品需求量剧增，将进一步拉动武川县燕麦藜麦产业发展。这些优势都为适应市场需求，进一步发展壮大燕麦藜麦产业打下了良好基础。

二、产业存在问题

（一）品种混杂退化严重，产量低

武川县长期以来对燕麦品种引进繁育方面的重视程度不够，使得燕麦的品种更新速度缓慢，良种覆盖率不高，燕麦品种应用单一、混杂退化严重，缺乏适于加工以及不同生态类型的专用品种，导致出现产量低、种植效益低等问题。

（二）燕麦藜麦种植规模化标准化程度低

武川县燕麦藜麦种植区多在山区和丘陵区，种植面积分散很难集中连片，多为一家一户零散种植和小型基地为主，千亩以上的大型种植基地、家庭农场或种植大户较少，种植规模小，技术落后，难以形成规模化、产业化生产，使得燕麦生产缺乏统一技术指导、统一种植模式，影响了产品生产基地建设管理，产品的品种和产量难以得到保证。

（三）燕麦藜麦产业化程度低

长期以来，武川县燕麦产业发展相对滞后，大部分燕麦藜麦产品以原材料出售，全县龙头加工企业少，主要加工燕麦粉、燕麦片等初加工产品，产业链条短，产品附加值低。产品深加工技术发展滞后，目前武川县现有的燕麦藜麦深加工产品技术及配套设备相对落后，难以按有关标准进行标准化生产，制约了产品档次的进一步提升。

（四）燕麦藜麦产业开发资金不足、人才短缺

燕麦藜麦的基础性及应用性研究、深加工系列产品的研制和推广，必须具有一定的研究资金和专业人才。但是由于燕麦藜麦研究起步晚，研究不够深入，远远不能满足整个燕麦藜麦生产和产业发展的需求。

第八节 包头市产业发展优势与存在问题

一、产业发展优势

（一）主产区产地优势

包头市固阳县、达茂旗地处阴山北部，气候冷凉，日照时间长、辐射强度大，具有春季干旱少雨、7—8 月雨热同季、降雨集中的天气特点，对杂粮生长发育极为有利，被称为“燕麦黄金种植产区”，其中以固阳为例，固阳地处内蒙古高原的大青山西段，平均海拔 1 376 m，年均温 2.5 ℃，无霜期 95 ～ 110 d。平均年降水量在 225 ～ 375 mm，太阳年总辐射量为 144.44 kcal / cm^2，是全国富光区之一，阳光辐射强度大，光能资源较为丰富，全年日照时数在 2 872 ～ 3 306 h；

≥ 5 ℃有效年积温为 2 686 ℃，≥ 10 ℃有效年积温为 2 289 ℃，非常适合燕麦种植。此外，整个山北地区属于干旱半干旱地区，土壤较贫瘠，土层浅薄，水土流失严重，也非常适合荞麦、燕麦、谷子等生育期短、耐旱、耐瘠薄的杂粮种植。

（二）产品优势

一是包头市固阳县、达茂旗处于海拔较高、温度较低的偏远地区，位于我国北方的农牧交错地带，这些区域工业发展水平落后，经济欠发达，环境基本上不存在污染问题，而且采用较为传统的农业耕作方式，肥料以传统农家肥为主，农药使用量较少，在这种自然的生态环境下生产的燕麦，无论是外观还是内在都具备了绿色天然的特性，燕麦的蛋白质等营养物质含量远高于其他作物。二是随着人民生活水平的不断提高，越来越多的人关注到了健康和保健，人们的食物结构开始发生微妙的转变，杂粮食品开始得到消费者的关注，而且，每年的市场对于杂粮食品的需求都在增加，相对应的价格也在增长，杂粮食品具有广阔的市场，其中燕麦食品在众多的杂粮产品中，凭借其独特的保健功效，获得了广大消费者的一致认可，也直接造就了燕麦产品极高的市场占有率以及绝对的价格优势，这给从事燕麦食品加工和生产的企业及个人带来了巨大的经济效益。

（三）产区集中优势

种植区域主要集中在固阳县和达茂旗，产区集中，种植面积占全市的 80% 以上，该区域集中了大部分的生产、加工企业，例如三主粮、蒙祥三高、绿博会等。作为包头市山北地区种植业结构调转方向的重要替代作物，对发挥结构调整、轮作倒茬、土壤培肥等方面具有很大优势，同时，对稳粮增收、提质增效和可持续发展具有重要意义。

二、产业存在问题

一是包头市种植燕麦 80% 以上的面积属于纯旱作区，缺乏适合旱作区示范推广的抗旱、优质、高产的燕麦品种及旱作保苗栽培技术；二是由于燕麦多数被用作轮作倒茬作物，经济效益较低，多数种植户都选择自留种种植，造成种子纯度不高，最终影响其品质及产量；三是品牌打造和宣传力度不够，导致较多产品有价无市。

第九节　鄂尔多斯市产业发展优势与存在问题

一、产业发展优势

（一）地方政策支持，畜牧产业需求

饲用燕麦作为饲草料的重要组成，随着“草牧业”“粮改饲”“草田轮作”的快速推进，国家和地方补贴政策的逐步实施，极大地调动了燕麦草种植的积极性，我国燕麦草生产区域和种植面积迅速增加，国内燕麦草发展迅速，应用越来越广泛，燕麦草生产专业化、商品化程度也逐步提升。

近年来，鄂尔多斯市深入学习贯彻党的二十大精神，紧扣建设国家重要农畜产品生产基地战略定位，聚焦“扩大数量、提高质量、增加产量”，抓住“良田、良种、良企、良策、良才”五个关键，高站位谋划推进，努力打造粮食、肉牛、肉羊、羊绒、乳业等五个百亿级产业，启动一产重塑三年行动，出台建设国家重要农畜产品生产基地、奶业振兴 20 条、构筑世界级羊绒产业等重点方案，走“质量兴农、科技兴农、品牌兴农”绿色畜牧业高质量发展路子，推动畜牧业转型发展，不断延伸拓展产业链，健全完善畜牧业生产体系、经营体系和产业体系，促进一、二、三产业融合发展，全力闯出一条产出高效、产品优质、资源节约、环境友好、调控有效的绿色畜牧业高质量发展新路子。在一系列饲草专项补贴等高质量畜牧产业发展政策的支持下，饲用燕麦作为一年生优质饲草在鄂尔多斯市快速发展起来。

（二）独特的地理和生产模式优势

鄂尔多斯市位于内蒙古西南部，三面黄河环绕，地处北纬 37°～40°，光照充足，昼夜温差大，无霜期相对较长，空气相对湿度低，是公认的农畜产品黄金地带；一直以来鄂尔多斯市农牧业生产方式具有农牧紧密结合的特点，牧区配套草库伦建设传统使得饲草料地优质牧草的种植成为冬春补饲的物质保障，半农半牧区草田轮作和为养而种的生产传统为优质牧草的种植提供了土地保障和市场需求。这样独特的自然条件和丰富的农业生产禀赋，构筑了发展绿色优质饲草料的天然区位和生产模式优势。近年来，鄂尔多斯市坚决贯彻习近平总书记重要讲话和重要指示批示精神，统筹推进畜牧业生产，巩固拓展脱贫攻坚成果同乡村振兴有效衔接，紧紧抓住畜牧业发展资源禀赋和区位优势，围绕建设自治区西部优质奶源生产基地，全面推动优质饲草产业快速发展，饲用燕麦因其营养价值高、生长速度快、沙地盐碱地都有适生品种等特点，为优化鄂尔多斯优质饲草种类，解决当地种植业结构调整所需短期轮作作物匮乏，满足毛乌素沙地和库布齐沙漠沙区生产生态并举矛

盾的作物需求，丰富沿黄河流域中低度盐碱地生物改良作物种类提供了不二的饲草选择，在饲草产业发展中占据重要位置。

（三）燕麦优异的生物学特性

燕麦具有生长快、营养好、适口性好、消化率高等特点，是当前奶牛、肉牛、羊增产的重要优质饲草和短期轮茬的首选作物。同时燕麦抗寒、抗旱、耐贫瘠、中度耐盐碱，是麦类作物中最为耐寒、耐盐碱的作物。在鄂尔多斯市盐碱地和沙地种植，可有效利用中低产田生产优质饲草，同时实现了一年两季种植，拉长了农田的植被覆盖期（3 月底至 10 月中旬），加上燕麦收割留茬，减少了冬春季节扬沙和表土层风蚀，有效保护了耕层肥力，是具有良好经济效益和生态效益的优质牧草。鄂尔多斯市 2022 年饲用燕麦种植面积达到了 5.24 万亩，年供给青干草 0.27 亿 kg，发展势头迅猛，目前以鄂尔多斯市 2022 年牲畜牧业年度统计数计算，燕麦青干草需求量达 6 亿 kg，养殖大户和牧场对燕麦草呈现巨大的需求潜力。燕麦 – 苜蓿（小麦、胡麻）倒茬（复种）、燕麦一年两季生产等复种技术已成为鄂尔多斯地区人工饲草重要的增收富农的种植模式。

二、产业存在问题

（一）缺少节水背景下的饲用燕麦高产稳产主推技术

鄂尔多斯市水资源蓄储少、地下水超采过度、水资源配置不合理、利用率低下等问题日益严峻，干旱缺水及缺少先进的节水种植模式，限制了鄂尔多斯地区农业增产与可持续绿色高质量发展，因此节水农牧业是本地区农牧业种养殖的工作重点之一。随着内蒙古出台一系列地下水保护管理文件，2022 年鄂尔多斯市率先在内蒙古印发实施了《鄂尔多斯市“四水四定”方案》和《鄂尔多斯市深度节水控水工作方案》，已有部分超采区采取如拆除喷灌、安装用水计量器、限制用水量等控水措施。

因此，亟须开展饲用燕麦在不同节水灌溉方式下的水肥精准调控技术研究以及不同种植环境下的节水高效生产研究，提高水分利用效率，保证在有限的水资源下生产高产优质的燕麦草。

（二）国产饲用燕麦种子良种扩繁规模、质量及其种植配套技术服务有待提升

草种是发展现代畜牧业、修复退化草原生态系统、调整种植业结构、建设美丽乡村、实现美丽中国的物质基础和基本材料。在保证食物安全、维护生态环境、推动经济可持续发展中，草种与粮

食作物、经济作物具有同等重要的地位。

目前鄂尔多斯市规模化饲用燕麦生产大多依赖进口草种，国产饲用燕麦种子制种量少、质量低，混杂其他杂草种子，同时没有专门的服务人员进行配套栽培技术跟踪服务，种植者不能及时了解品种特性，种植过程中无法发挥良种的生产优势，与进口品种存在一定差距。

（三）本土化抗逆性品种自主选育空白

“一方水土养一方人”，对于作物来说，也是同样的道理，同一品种在不同生境下表现有所不同，因此培育本土化抗逆性燕麦高产品种是燕麦可持续发展的必经之路。燕麦在鄂尔多斯市主要种植于沙地、盐碱地等中低产田，因此，针对这一特点，挖掘燕麦品种在不同土壤类型下的不同轮作、倒茬高产栽培模式以及培育本土化抗逆性品种的自主选育目前还处于空白阶段，是饲用燕麦高质量发展的方向。

（四）饲用燕麦高效加工利用应用研究不足

燕麦含有丰富的营养物质，主要是淀粉、蛋白质、脂肪、可溶性膳食纤维和其他一些微量元素。长期以来，饲用燕麦的研究大多以植株营养成分分析为主，并未延伸到饲喂中对家畜生长所发挥的作用中，应深入研究燕麦或燕麦提取物影响家畜生长发育的机理，以期挖掘饲用燕麦的更多特有优势。

第十节　巴彦淖尔市产业发展优势与存在问题

一、产业发展优势

（一）具有肉羊产业发展的需求优势

巴彦淖尔市地处北纬 40°，是农作物种植的黄金纬度带，河套平原土地肥沃，水热资源富集。早有业内人士测算，巴彦淖尔市有独特的优质资源——1 000 万亩水浇地，按一亩一羊的模式，稳定的 1 000 万只饲养量在全国也是力拔头筹。近年来，巴彦淖尔市畜牧业发展迅速，尤其是肉羊产业作为现代畜牧业发展的支柱产业，重点发展肉羊规模化、标准化养殖，形成了一套成熟的肉羊繁育和高效生产经营模式。截至 2022 年底，巴彦淖尔市肉羊饲养量 2 265.27 万只，其中存栏 1

007.01 万只，出栏 1 258.26 万只，肉羊存栏量和出栏量均居全国第一；是全国地级市中唯一能够四季均衡出栏的肉羊养殖与加工基地；随着“中国羊都”称号的冠名，肉羊产业将迎来更快速的发展。下一步，巴彦淖尔市将重点实施肉羊产业提质增效工程；加强肉羊良种繁育体系建设，肉羊饲养量稳定在 2 200 万只左右；建设 10 万只肉羊养殖科技成果示范基地；因此对于饲草的需求量剧增。然而巴彦淖尔市草场退化、沙化，牧草地利用水平和生产能力极低，饲草缺口较大，引草入田、种草养畜，加快农区优质牧草产业发展势在必行。

（二）具有优化传统农业生产结构的经济优势

燕麦是一种极好的青刈饲料，具有生育期短、适应性强、耐旱耐瘠、消化率高、适口性好等优点，是补充饲草缺口的较好选择，然而农区用来种植牧草的土地极少，而葵前和麦后有很长一段的空闲时间是无法种植经济作物和粮食作物的，即“一季有余、两季不足”。为解决单种春小麦、葵花综合效益低的问题，提高土地利用率和种植效益，突破“一季有余、两季不足”瓶颈，近年来，巴彦淖尔市积极引导农民调整种植结构，利用葵花种植前和夏收后的麦田复种燕麦草，全面推广“小麦 + 饲用燕麦”“饲用燕麦 + 葵花”高效循环产业发展新模式，有效扩大优质饲草种植面积，促进饲草供应与养殖规模、饲养模式相匹配，增加土地的产出效益，开辟农业增产农民增收的新途径。葵前和麦后复种燕麦草充分利用了葵前麦后闲田，延长了生产期，提高了光热资源、土壤资源的利用率，既可收获一季优质牧草，也可进行绿肥还田，增加土壤有机质，培肥地力，实现用地与养地相结合，具有经济效益、生态效益和社会效益的综合优势。

近几年“葵前麦后复种饲用燕麦”和“一年两季”种植技术已得到广泛推广，大大提高了饲用燕麦种植效益。巴彦淖尔市向日葵种植面积成为全国向日葵种植面积最大、平均单产和总产量最高的向日葵生产基地，向日葵是巴彦淖尔市的主要经济作物，是河套农民增收致富的特色支柱产业。向日葵在每年的 5 月下旬播种，在此之前如果复种燕麦，可以生长 60 多天，每亩能预计纯增收 400 多元。此外，据调查全市小麦种植比较效益不高，投入产出比为 1:2.2，其他经济作物投入产出比为 1:3.1，农民单种小麦的积极性不高，种植面积在种植业结构比重中呈逐年下降之势。麦后复种燕麦，可以生长 70 ～ 80 d，在保证水肥充足的条件下，预计产干草量 650 多千克，按市价燕麦干草每吨 1 600 元计算，每亩能多增收 1 000 多元。通过这种“葵前麦后复种燕麦”的生态农业模式，可以充分提高土地利用率，减少浪费，提高经济效益。

饲用燕麦作为巴彦淖尔市新型牧草，市场潜力大、投资回报率高。近年来，全市开展葵前麦后复种燕麦面积累计达 40 多万亩。通过示范，使农民逐渐认识到种植饲用燕麦所带来的经济效益，逐步扩大燕麦种植面积，提高巴彦淖尔市土地利用率，稳产增效的同时缓解巴彦淖尔市圈养家畜在冬季饲草紧缺的矛盾，促进巴彦淖尔市畜牧业的健康发展。按照前茬作物小麦平均亩产 450 kg、亩收入 1 620 元，麦后复种燕麦草亩产干草 600 kg、亩收入 960 元，两项收入合计 2 580 元，亩均纯收入可达 1 580 元。

二、产业存在问题

一是，燕麦作为一种新型牧草，农牧民对其种植、利用技术了解还不够，认识不到位。

二是，麦后复种燕麦经济效益低于复种其他经济作物，农民积极性不高。

三是，河套地区 500 多万亩的盐碱地，适宜其种植生长的耐盐碱饲用燕麦品种少之又少，需要加快培育耐盐碱品种。

四是，没有形成规模化、产业化生产格局，生产效益低下。

五是，管理粗放、产量低、品质差，相对进口草竞争力弱。

第四章

内蒙古燕麦藜麦产业发展政策

燕麦和藜麦是内蒙古主要农作物，种植面积和产量均居全国之首。由于特殊的地理位置与生态环境，内蒙古的燕麦藜麦生产具有其他区域不可比拟的区域优势，内蒙古的燕麦藜麦产业主要集中在中西部阴山北麓的乌兰察布市、呼和浩特市、包头市北部、锡林郭勒盟、赤峰市等地，成为当地的特色产业。内蒙古自治区政府为了推动燕麦产业规模化、集群化、品牌化，推动自治区燕麦全产业发展，先后制定了《内蒙古自治区促进燕麦产业发展实施方案》《2023 年饲用燕麦种植项目实施方案》和《2023 年现代农牧业产业技术创新推广体系建设实施方案》，为全区燕麦藜麦产业的发展指明了方向。同时各盟市根据自身的发展优势制定了相应的政策，把燕麦和藜麦作为当地的特色经济来扶持和发展。

第一节　内蒙古燕麦产业政策

一、内蒙古促进燕麦产业发展实施方案

按照自治区人民政府主要领导在《裸燕麦耐盐碱耐瘠薄可助“中国饭碗”扩容提质》《关于我区燕麦产业发展情况和支持举措的报告》上的批示要求，提出可行性的举措，推动燕麦产业规模化、集群化、品牌化。为推动内蒙古燕麦全产业发展，制定本方案。

（一）发展目标

2023 年全区食用燕麦种植面积稳定在 230 万亩以上，总产达到 6.6 亿斤，加工转化率达到 75%。到 2025 年，全区燕麦种植面积达到 250 万亩左右，总产达到 7.2 亿斤左右，在现有基础上，力争再培育 5 个自治区级以上燕麦加工龙头企业，将主产区打造成优质燕麦生产加工输出基地，全区燕麦加工转化率稳定在 80% 以上，培育具有一定知名度的产品品牌，产业规模化、集聚化、精深化比重显著提升。

（二）重点工作

1. 优化种植布局

在阴山北麓、燕山丘陵区等旱作燕麦传统优势区建设燕麦种植基地，主要涉及乌兰察布市化德县、商都县、察哈尔右翼中旗、兴和县、卓资县和丰镇市，锡林郭勒盟太仆寺旗和东乌珠穆沁旗，呼和浩特市武川县、清水河县，包头市固阳县、达茂旗等旗县区，扩大燕麦种植面积，提高单产、提升机械化标准化种植水平，适度发展绿色、有机燕麦，提升品质，提高种植效益。2023 年优势区种植面积力争达 209 万亩，产量达到 6 亿斤；2025 年优势区种植面积达到 229 万亩，产量达到 6.5 亿斤。（责任单位：各盟市农牧局，自治区农牧厅种植业管理处）

2. 推动种业提升

建立由高校、科研院所、制种企业等组成的燕麦良种繁育产学研联合体，开展育种联合攻关，力争培育具有自主知识产权的高产、节水、抗逆新品种 2 个。在乌兰察布市卓资县建设燕麦区域性良种繁育基地，将其打造成燕麦高质量种子繁育基地，年良种繁育面积保持在 2 万亩以上。在乌兰察布市、呼和浩特市和鄂尔多斯市建设燕麦“看禾选种”平台 3 个，收集对比展示燕麦优质品种，筛选、挖掘具有推广潜力的品种。（责任单位：各盟市农牧局，自治区农牧厅种业管理处）

3. 加强生产条件建设

在优势主产区支持建设旱作高标准生产基地，挖掘增产潜力，通过坡耕地改造、集雨补灌、土壤改良等措施，建设旱作高产田，增加农田保土、保水、保肥能力，提高主产区单产和防灾抗灾能力，提升燕麦生产的机械化作业水平，力争实现主产区燕麦生产基地亩均增产 10% 以上。同时，探索燕麦高效节水灌溉种植模式，建设水浇条件下高产示范典型，为今后适宜地区大幅提升产量奠定基础。（责任单位：各盟市农牧局，自治区农牧厅农田建设处、农机局）

4. 强化科技支撑

因地制宜集成推广高产优质专用品种，应用优化施肥、宽幅条播、旱作节水、病虫草害绿色防控、耕种收全程机械化等高产高效技术模式，提高种植技术水平。建设 2 个燕麦优质高效增粮示范片，集成展示新品种、新技术、新模式，推动燕麦单产和品质双提升。支持燕麦主产区实施阴山北麓燕麦化肥减量增效等绿色轻简生产技术模式，提升主产区燕麦技术到位率。支持科研人员和科技团队申报自治区燕麦科技计划项目，鼓励燕麦科技成果扩大推广应用规模、效益，在燕麦技术创新项目申报国家和自治区科技成果奖励上予以倾斜。（责任单位：各盟市农牧局，自治区农牧厅种植业处、科教处，自治区农牧业技术推广中心）

5. 支持延长产业链条

提升燕麦精深加工和全株利用能力，提高燕麦加工转化率，将主产区打造成优质燕麦生产加工输出基地。支持 2 家以上企业申报自治区级龙头企业，支持符合条件的乡镇申报 1 个国家农业产业强镇，并支持符合条件的旗县创建 1 个自治区现代农牧业产业园。利用自治区产业化专项支持 1 000 万元，重点支持呼和浩特市、乌兰察布市发展燕麦加工，提升全区燕麦加工能力。（责任单位：各盟市农牧局，自治区农牧厅产业化处、规划处）

6. 提升品牌价值

发挥“乌兰察布莜麦”“武川莜麦”“固阳燕麦”等农产品地理标志优势，推动燕麦品牌产品实施“蒙”字标认证，培育具有一定知名度的燕麦产品品牌，不断提升燕麦产品品牌竞争力。发挥旱作优势，扩大乌兰察布市等现有绿色有机燕麦产品品牌生产能力和影响力。引导各地燕麦品牌参加中国国际农产品交易会、内蒙古绿色农畜产品博览会等展会、宣传推广会等，提高内蒙古品牌知名度和美誉度。（责任单位：各盟市农牧局，自治区农牧厅市场处）

（三）工作要求

各地要加强组织领导，结合当地实际，明确各自目标任务，完善支持政策，强化资金保障，确保各项举措落地见效。要统筹利用好国家和自治区农牧业发展资金和重大项目，向燕麦产业倾斜。杂粮杂豆全产业链专家团队继续发挥技术支持作用，加大技术服务，持续开展跟进指导。主产区要组织开展现场观摩、经验交流、典型示范等工作，宣传燕麦生产绿色高质高效技术和典型模式。各地要认真总结燕麦产业发展实施过程中的典型做法和经验，筛选一批增产潜力大的高产优质品种，集成一批节本高效的绿色技术模式并上升为技术标准，打造一批可复制推广的绿色高产高效典型。每年年底前，将各地燕麦产业发展落实情况进行总结，报送自治区农牧厅。

二、2023 年饲用燕麦种植项目实施方案

为科学、规范、有序实施 2023 年饲用燕麦草田建设项目，加快推动我区饲草产业高质量发展，按照自治区财政支农项目管理的有关要求，结合工作实际，制定本实施方案。

（一）补贴任务目标

推动饲用燕麦草种植，全区饲用燕麦草田 193 万亩，支持饲用燕麦种植规模化生产，逐步实

现优质饲草就地就近供应，保障草食家畜规模养殖需求。

（二）补贴对象、标准和方式

1. 补贴对象

承担内蒙古自治区农牧厅印发2023年各盟市饲草种植任务的通知（内农牧办发〔2022〕552号）下达建设任务的盟市，饲用燕麦种植建设项目补贴对象为农牧民饲草种植专业合作社、饲草种植大户、饲草生产加工企业和规模养殖场（企业）。

2. 补贴标准及方式

相对集中连片标准化种植300亩以上的饲用燕麦草田给予补贴，各盟市为确保完成年度建设任务，可根据地方实际适当调整补贴面积上限和下限。补贴标准为100元/亩，其中自治区财政补贴70%，盟市配套30%。饲用燕麦草田建设项目，采用先建后补的方式实施。由盟市、旗县农牧部门会同财政部门进行验收，验收合格后公示期满无异议，再拨付补贴资金。

（三）细化方案

盟市农牧部门会同财政部门组织项目旗县结合实际，形成盟市实施方案（此通知印发后15日内完成），并报自治区备案。项目实施过程中，调整变更建议由项目旗县农牧局提出，盟市农牧局审批。具体项目补助，按照《自治区财政厅　农牧厅印发饲用燕麦种植补贴实施方案》执行。

（四）组织实施

1. 加强组织领导

自治区建立工作台账，按月调度，通报排名，实施绩效考核，统筹推进补贴工作落实；盟市落实属地主体责任，细化具体实施方案，做好审批工作，抓紧抓实督查督办建设进展和工作落实情况。旗县负责建设任务和补贴对象审核，抓好建设任务落实落地落细，全程跟进项目建设。

2. 加大项目资金管理

申请人必须如实填报补贴面积，不得弄虚作假。对弄虚作假、挤占、截留、挪用和套取补贴资金等违规行为，依法依规严肃处理。建立个人和企业诚信记录，对骗取、挪用、套取补贴资金等行为记入个人失信记录。

3. 加强档案管理

要建立完善档案管理制度，建立数字化管理信息档案，包括面积核实、技术指导、打点上图入库、生产记录、组织验收、监督检查等具体工作内容。

附表：2023 年饲用燕麦种植项目任务表

2023 年饲用燕麦种植项目任务表

盟市	饲用燕麦种植任务（万亩）	绩效目标
呼伦贝尔市	30	数量指标：燕麦干草每亩 400 kg 以上。质量指标：燕麦干草符合《燕麦干草质量分级》（T/CAAA 002—2018）标准中的二级以上（含二级）燕麦干草质量要求。
兴安盟	13	
通辽市	5	
赤峰市	33	
锡林郭勒盟	25	
乌兰察布市	30	
呼和浩特市	18	
包头市	10	
鄂尔多斯市	3	
巴彦淖尔市	25	
乌海市	0	
阿拉善盟	1	
合计	193	

三、2023 年现代农牧业产业技术创新推广体系建设实施方案

为进一步加强自治区农牧业产业技术创新推广体系建设，提高农牧业体系建设效能，强化农牧业产业技术创新和服务能力，引领和支撑农牧业高质量发展，推进乡村振兴，特制定本方案。

（一）总体思路

以习近平新时代中国特色社会主义思想为指导，全面贯彻党的二十大精神，深入贯彻习近平总书记

关于三农系列重要讲话重要指示精神，深入实施创新驱动发展战略和乡村振兴战略，促进农牧业科技成果转化、壮大农牧业人才队伍、完善下沉服务激励机制，加强供需对接、拓展信息化服务覆盖面、提升基层承接转化能力、聚合科技服务机构力量，依托自治区涉农高校、农业科研院所、盟市科研推广机构的科研力量和基层农技推广体系，围绕产业发展需求，以农畜产品为单元，以农牧业优势特色产业全产业链为主线，开展科研攻关、技术集成、试验示范和技术推广服务，实现技术创新与农牧业产业发展有机结合、技术服务与产业需求有效对接，提升农牧业科技创新能力，为农牧业高质量发展提供有力支撑。

（二）实施原则

1. 务求实效、绿色发展

发挥高校、科研院所、农技推广机构各自优势，引导各类科技服务主体将科学技术和成果输送到农牧生产第一线，促进农牧业科技成果转移转化，务求解决农村牧区生产经营中的技术难题，提升农牧民增收致富能力和农牧业绿色发展水平。

2. 资源整合、全区一体

破除制约科技创新要素流动的体制机制障碍，加快实现科技创新、人力资本、现代金融、产业发展在农牧业农村牧区现代化建设中的良性互动。持续完善激励机制和支持政策，激发产业创新活力。

3. 示范带动、协同联动

实现现代农牧业产业技术创新推广体系建设与乡村振兴相衔接，更加注重发挥产业体系在农牧业高质量发展中决定性作用，自治区农牧厅发挥统筹保障等作用，推动高校和科研院所、农技推广机构联合开展成果转化和科技服务，充分发挥示范带动作用，构建协同联动的服务网络。

（三）目标任务

第一，根据内蒙古农牧业特色优势产业发展需求和资源禀赋，整合优质科研力量与技术推广资源，围绕玉米、小麦、杂粮杂豆、马铃薯、大豆、燕麦饲草、蔬菜、向日葵、中草药（特色产业）、水稻（特色产业）、肉羊、肉牛、绒山羊、乳业特色产业，结合国家乡村振兴重点帮扶县科技特派团产业体系，建设 14 个现代农牧业产业技术创新推广体系。

第二，围绕现代种业、绿色种养殖、病虫害及疫病防控、农机装备和农畜产品加工等全产业链，进行共性技术和关键技术研究、集成、试验、示范和推广，打通科技成果转化“最后一公里”，农牧业主推技术到位率超过95%。

第三，收集分析现代农牧业产业信息及其技术发展动态，系统开展产业技术发展规划和产业经济政策研究，为政府决策提供咨询，有效支撑自治区绿色农畜产品生产基地建设，每个特色产业建设不少于2个长期稳定的农牧科技实验示范基地，全区建设不少于28个长期稳定的农牧业科技示范基地，每个基地每年开展6次以上现场观摩培训活动，使其成为集示范展示、技术指导、农牧民培训等多功能、综合性的农牧业技术示范服务平台。

第四，在打造特色生态农牧产业集群、引领生态农牧业高质量发展等方面探索示范，努力创造出可复制、可推广的经验，全力打造具有国际影响力的现代农业创新高地、人才高地、产业高地，每个产业培养不少于300人的乡土人才，全区培养4 200人。

（四）期限资金

2023年14个特色产业团队安排在12个盟市实施，实施时间为2023年1—12月，结合特色产业实际情况，按照因素法测算分配资金，每个产业给予100万～200万元资金支持，全区拟安排2 000万元。

（五）重点任务

1. 强化服务功能，严格遴选专家、试验站

首席专家：由内蒙古在学术领域有突出建树、技术推广有突出成就、科研攻关有创新团队的权威专家和行业领军人才担任，由管理咨询委员会提出建议人选名单，经相关学术团体组评审通过后，报自治区农牧厅公示批准。岗位专家：在自治区涉农高校、科研院所和农业科研管理部门等单位在职人员中选聘；具有正高级专业技术职称，从事本产业相关工作10年以上，其研究方向与本产业关联性强，具有本产业技术工作的深厚理论知识和实践经验，具有较高的学术水平和科研业绩，无不良科研行为。由管理咨询委员会会同首席专家提出建议人选名单，经相关学术团体组评审通过后，报自治区农牧厅公示批准。综合试验站：管理咨询委员会会同首席专家，根据各产业优势特色区域布局、综合试验示范工作需求、以往承担农牧业科研和推广项目任务等情况，推荐拟设立综合试验站的候选名单，经相关学术团体组评审通过后，报自治区农牧厅公示批准。综合试验站原则上应设在有试验示范基地和一定研究基础的科研院所、推广单位或重点企业。

2. 创新管理机制，建立运行机制

自治区现代农牧业产业技术创新推广体系由首席专家、岗位专家和综合试验站构成。每个产业

创新推广体系设置首席专家 1 名，根据各产业链条关键环节设置岗位专家 3 ～ 5 名，根据各优势特色产业布局，在相关盟市设立若干个综合试验站，每个综合试验站设 1 个试验站站长岗位。

3. 推进服务创新，落实责任主体

首席专家负责制：负责统筹规划本体系工作。组织岗位专家和试验站长，全面掌握国内外同类产业发展新动向、新技术、新成果；制定年度目标任务和产业技术体系建设规划；围绕自治区产业技术发展中亟待解决的问题开展共性和关键技术研究、集成、试验和示范；组织相关学术活动；监管岗位科学家研发工作和综合试验站的运行。岗位专家主要职责：开展本产业发展中共性和关键技术攻关与集成，解决产业发展中的重大技术问题；开展技术培训和咨询；开展本岗位相关技术交流活动；收集、监测和分析本岗位技术发展动态与信息；指导综合试验站的工作。农业产业经济研究岗位专家，协助各产业的首席专家开展产业经济研究，完成产业技术体系建设规划。综合试验站职责：承担体系首席专家和各岗位专家布置的试验、示范工作；立足本区域生态生产特点开展新品种、新技术的引进、试验、示范和推广；培训技术推广人员和科技示范户，开展技术服务；调查、收集区域范围内产业发展的技术问题与技术需求信息；监测分析灾情、疫情等动态变化，并协助处理相关问题。

4. 明确任务目标，建立管理机制

现代农牧业产业技术创新推广体系实行自治区农牧厅领导下的首席专家负责制。自治区农牧厅成立现代农牧业产业技术创新推广体系管理咨询委员会，负责审议体系发展规划和年度工作计划，统筹不同产业、不同区域的协调发展，对体系建设运行情况及首席专家履职情况进行考核和监督指导。现代农牧业产业技术创新推广体系建设每五年为一个实施周期，分为任务确定、任务执行和绩效考核三个环节。在任务确定上，每年 12 月，由各产业首席专家组织本体系内的人员，全面调查征集本产业技术用户技术需求，提出本产业技术体系下一年研发和试验示范任务计划，报管理咨询委员会审议后，由自治区农牧厅与体系首席专家签订任务书。在任务执行上，首席专家组织制订具体实施方案和分解任务，经全体体系专家共同讨论后，将任务落实到每个岗位专家和综合试验站，并签订任务委托书。体系任务执行过程中，各体系针对产业发展中的关键技术问题，向相关部门（单位）提出支持立项建议。岗位专家会同各综合试验站收集、分析和整理本区域生产实际问题、技术需求信息和疫情、灾情等动态信息，及时反馈给首席专家，经分析研判并提出明确意见和建议后，及时报自治区农牧厅。

5. 建立现代农牧业产业技术创新体系绩效考核制度

管理咨询委员会每年对各体系年度计划完成情况和首席专家履职情况进行考核，对各体系考

核评分结果进行排名，排名情况予以通报。重点考核体系与产业的关联度、对产业的贡献度和技术研发的创新度，着力促进创新链、产业链和市场需求有机衔接，增强体系服务产业发展的自觉性、精准性、及时性和有效性。结合年度考核情况，3 年连续排名后两位的产业技术体系解除聘用首席专家。

首席专家根据任务委托协议的任务指标，对岗位专家和综合实验站站长的履职情况进行考核。对考核不合格或不能适应体系任务要求的岗位专家和综合试验站站长，提出调整意见；对业绩突出的岗位专家或综合试验站站长，报送农牧厅推荐优先承担科技计划和申报科技奖励。

6. 加强政策保障，建立保障措施

建立稳定的现代农牧业产业技术创新体系经费保障机制，自治区财政设立专项资金用于体系建设基本研发、体系人员基本经费、仪器设备购置费补助、试验站基本建设补助等。体系成员优先完成体系内的研发服务和试验示范任务，自觉接受相关制度管理，享受相关支持政策，保证现代农牧业产业技术创新体系研发的技术成果优先转让给体系及相关示范推广依托应用单位使用。体系建设依托单位需为体系首席专家、岗位专家、综合试验站站长开展业务活动提供必要的办公条件、实验场所、仪器设备和试验示范用地（设施）等便利条件。逐步建立完善技术需求与任务确立制度、信息交流与资源共享制度、绩效评价制度、人员考评动态管理制度、知识产权保护和成果管理制度以及相应的运行机制，用制度创新保障科技创新和服务成效。

（六）有关要求

1. 加强组织实施

各产业体系、盟市、旗县农牧管理部门要充分认识实施好现代农牧业产业技术创新推广体系建设重要意义，进一步提高政治站位，强化使命担当，加大工作力度，紧紧围绕任务的总体布局和重点任务，结合产业实际制定针对性强、操作性好的实施方案。进一步健全工作组织协调机制，推动政策衔接配套，实现上下协同联动。各盟市、旗县农牧部门要与产业团队、首席专家建立沟通协调机制，形成工作合力，发挥最大效能。产业年度实施方案经首席专家审核把关后，于 2023 年 1 月 20 日前报送自治区农牧厅。

2. 加强绩效考评

各产业体系要迅速建立本团队内部绩效管理指标体系，明确绩效目标，强化过程管理，严格绩效考核。农牧厅将通过集中交流、线上考评、实地核查、交叉考评等方式开展全过程全覆盖绩效考评，确保考评过程、考评结果更具客观公正性、更能体现财政绩效目标，绩效评价结果与下年度预算安排挂钩。

3. 规范资金管理

各产业体系对下达的资金要严格执行相关财务规章制度，细化支出范围，明确资金使用用途，确保专款专用。建立资金使用公示制度，对农牧业科技示范主体、科技示范基地、技术指导员等资金补助信息在一定范围内进行公示，接受监督。对弄虚作假、擅自改变资金用途、挤占挪用的，一经发现取消体系专家资格，并按照有关规定严肃查处，追究相关责任。

4. 加强交流宣传

充分挖掘任务实施中的有效做法和成功经验，总结可复制、可推广的典型模式，通过现场观摩、典型交流等方式和网络、报纸、电视等渠道进行推介宣传。大力总结宣传典型人物和做法等，全方位展示在实施过程中作用发挥情况。

第二节　各盟市燕麦藜麦产业发展政策

一、乌兰察布市燕麦产业提升行动方案

为促进燕麦产业高质高效发展，增强燕麦产品保障供给能力，推动全市农牧业高质量发展，助力乡村产业振兴，制定本方案。

（一）总体思路

以党的十九大和十九届历次全会精神为指导，贯彻落实市第五次党代会和市人大五届一次会议精神，立足乌兰察布市资源禀赋和产业基础，坚持走绿色、特色、有机燕麦产业发展之路，加强产业布局、科研攻关、基地建设、加工仓储、品牌营销、市场监管等环节，全面实施燕麦产业提升行动，建立健全燕麦高质量标准化生产加工体系，大力推广有机旱作种植，全面打响“中国燕麦之都”品牌，把乌兰察布市打造成为全国燕麦生产加工输出基地核心区。

（二）工作目标

到 2025 年，全市燕麦种植面积发展到 150 万亩（其中有机旱作燕麦 2022 年发展到 10 万亩，2023 年发展到 20 万亩，2024 年发展到 25 万亩，2025 年发展到 30 万亩），籽粒总产量达到

10 万 t，燕麦草总产量达到 30 万 t。选育燕麦新品种 3 ～ 4 个；专用品种推广应用率达到 90% 以上；培育引进精深加工龙头企业 5 ～ 6 家；进一步提升“乌兰察布燕麦”的知名度和影响力。力争将乌兰察布市建成华北地区燕麦良种繁育输出基地核心区和全国绿色有机燕麦原料基地，同时积极争创国家级燕麦科技园。

（三）重点任务

1. 科学合理布局

根据各旗县市区气候条件、地域特色、企业布局、养殖现状等条件，分为有机旱作、加工专用型和饲用型燕麦生产基地，其中在卓资县、凉城县、丰镇市、察哈尔右翼前旗、兴和县、商都县、化德县建设有机旱作燕麦标准化生产基地 30 万亩，以种植坝莜 1 号、坝莜 8 号、坝莜 9 号等品种为主；在察哈尔右翼前旗、察哈尔右翼中旗、凉城县、商都县、四子王旗建设加工专用型燕麦生产基地 70 万亩，以种植坝莜 1 号、白燕 2 号、花早 2 号等品种为主；在四子王旗、察哈尔右翼中旗、察哈尔右翼后旗、商都县、化德县建设饲用型燕麦基地万亩，以种植蒙饲燕 1 号、蒙饲燕 2 号、草莜 1 号等品种为主。

责任部门：市农牧局、农科所，各旗县市区人民政府。

2. 强化科研攻关

加强科研联合攻关，聘请国家燕麦产业技术体系首席科学家和自治区燕麦专家，依托市农科所、市燕麦院士专家工作站和香莜牛牛等科研机构和企业，组建自治区燕麦研发中心，集中力量从品种选育、栽培技术、产品开发等方面进行联合科研攻关，开发消费市场认可度高的功能性健康食品，延长产业链，提升价值链。深入实施“种子工程”，健全完善良种繁育体系，加强新品种引进选育，实现扩繁增量、提质增效，进一步提高良种覆盖率。加快种养结合研究与推广，重点以燕麦为优质饲草料，供应养殖所需，养殖粪污生产有机肥作为种植优质肥料，实现为养而种，互促互进。积极申报国家、自治区重大燕麦推广项目，力争到 2025 年全市建设燕麦新品种、新技术和新材料试验示范基地 4 ～ 6 处，选育登记饲用、粮用和粮饲兼用优良新品种。

责任部门：市农科所、财政局、发改委、科技局、金融办，各旗县市区人民政府。

3. 狠抓基地建设

依托龙头企业、农民合作社、种植大户、家庭农场等新型经营主体，采取“公司 + 合作社 + 种植大户”模式，发展订单生产，实现规模化种植。大力推广有机旱作燕麦标准化种植，结合高标准农田建设“六配套”要素，按照“六统一”标准（统一优良品种、统一生产操作规程、统一投入品供应使用、统一田间管理、统一收获、统一销售），主推全程机械化、有机肥替代化肥、绿色防控等综合栽培集成技术，开展燕麦示范推广工作。按照“百亩攻关、千亩展示、万亩辐射”方式，充分利用绿色高质高效、耕地轮作、旱作高标准农田建设等项目和金融机构的支持，创建集中连片、标准化种植的有机旱作农业种植基地。力争到2025年全市建设200亩以上的有机旱作燕麦标准化生产基地100个。

责任部门：市农牧局、发改委、财政局、乡村振兴局、科技局、金融办，各旗县市区人民政府。

4. 提升加工仓储能力

培育阴山优麦、塞主粮、世纪粮行、兴和同恒、香莜牛牛、纳尔松酒业等现有的燕麦加工企业升级改造、扩容增量，研发生产附加值高的燕麦新产品。积极开展招商引资，优化营商环境，引进和扶持一批影响力大、带动能力强的大型龙头制种和燕麦加工企业。引进建设一批秸秆、燕麦草和饲料加工企业，提高粮用燕麦秸秆综合利用及饲用燕麦加工生产能力。依托国家燕麦藜麦产业技术平台，以察哈尔右翼中旗为中心，积极申报国家项目，打造国家级燕麦科技园。整合利用全市闲置晾晒场地和仓储粮库资源，为燕麦加工企业提供燕麦晾晒场所和存储地。

责任部门：市农牧局、发改委、财政局、工信局、区域经济合作局、科技局、金融办，各旗县市区人民政府。

5. 拓宽营销渠道

利用绿博会、农交会等各类展会进行广泛宣传，立足市场需求，对产品进行包装分级，进商超、进市场，鼓励支持电商销售，充分发挥和挖掘乌兰察布市现有电商销售企业以及农村电商服务站功能和潜力，通过入驻淘宝、天猫、京东等电商平台，建设燕麦产品直播销售平台，推动燕麦产品线上线下融合销售，拓宽产品销售渠道。

责任部门：市外事办（商务局）、乡村振兴局、市场监管局、农牧局、通管办，各旗县市区人民政府。

6. 加强品牌宣传

围绕乌兰察布市燕麦独有的绿色有机、无污染、品质好、价格优等特点，进行全方位宣传、报道与推介。积极争取农业农村部、农牧厅和相关部门的支持，组织当地燕麦企业参加全国各类农产品展销会，通过产品展示产品推介和学习交流，进一步提升“中国燕麦之都”品牌影响力。各旗县市区人民政府牵头、宣传部门引导，推进民宿、特色旅游项目建设与燕麦产业有机融合，通过组织游客实地参观燕麦种植基地、加工厂，品尝燕麦产品等方式，扩大燕麦产品宣传力度。

责任部门：市委宣传部、市农牧局、市场监管局、财政局、文旅体局、交通局、机铁中心、通管办，各旗县市区人民政府。

7. 加强市场监管

由市场监管部门和农牧部门建立健全制度化、规范化监管体系，加大燕麦良种繁育体系建设与种子制售市场监管工作；强化企业产品质量监督管理，提高燕麦产品生产水平，严禁不合格产品进入市场；深入开展燕麦知识产权保护，严厉打击套牌侵权等违法行为。

责任部门：市场监管局、农牧局、公安局，各旗县市区人民政府。

（四）保障措施

1. 强化组织领导

各旗县市区要成立燕麦产业提升行动工作领导小组，建立健全工作推进机制，明确责任分工，细化方案措施，抓好组织落实。市级有关部门要各司其职、各负其责，密切协调配合，形成工作合力；各旗县市区要制定具体落实方案，根据实际情况出台相关配套支持政策。严格绩效考核，确保燕麦产业发展有人抓、见成效。

2. 完善利益联结机制

积极推进小农户和燕麦产业发展有机衔接，鼓励支持各类新型经营主体采取“龙头企业 + 合作社＋农户”“合作社 + 农户”等组织形式，通过订单生产、股份合作、服务协作、流转租用等方式，延长产业链、保障供应链、完善利益链，做大做强燕麦产业。

3. 完善金融服务

各旗县市区要充分整合京蒙协作资金、乡村振兴衔接资金等涉农资金，制定相应支持政策，建立以政府财政投入为引导、社会资本投入为主体、金融信贷投入为支撑的多元投入体系，广泛建设融资平台，重点解决燕麦产业发展贷款融资难问题。进一步完善农业保险制度，提高赔付力度和效率，逐步扩大燕麦种植灾害保险、价格指数保险等产品覆盖面，有条件的地方实现全覆盖。

4. 加大科技服务力度

聘请国家、自治区科研院所、高等院校、农业推广部门的专家和科研人员，指导燕麦产业发展。

组建市县乡燕麦产业技术服务指导团队开展试验示范。建立健全奖惩机制，对有突出贡献的科研人员、农技推广人员给予一定奖励，并在职务晋升、职称评定上优先考虑。

附件：乌兰察布市燕麦产业提升行动方案工作目标

年度	工作目标
2022 年	燕麦种植面积发展到 120 万亩，籽粒总产量达到 10 万 t，燕麦草总产量达到 20 万 t；其中籽粒燕麦发展到 105 万亩（有机旱作燕麦发展到 10 万亩），饲草燕麦发展到 15 万亩。
2023 年	燕麦种植面积发展到 130 万亩，籽粒总产量稳定在 10 万 t，燕麦草总产量达到 23 万 t；其中籽粒燕麦稳定在 105 万亩（有机旱作燕麦发展到 20 万亩），饲草燕麦发展到 25 万亩。
2024 年	燕麦种植面积发展到 140 万亩，籽粒总产量稳定在 10 万 t，燕麦草总产量达到 26 万 t；其中籽粒燕麦稳定在 105 万亩（有机旱作燕麦发展到 25 万亩），饲草燕麦发展到 35 万亩。选育燕麦新品种 1 ～ 2 个，培育引进精深加工龙头企业 2 ～ 3 家。
2025 年	燕麦种植面积发展到 150 万亩，籽粒总产量稳定在 10 万 t，燕麦草总产量达到 30 万 t；其中籽粒燕麦稳定在 105 万亩（有机旱作燕麦发展到 30 万亩），饲草燕麦发展到 50 万亩。选育燕麦新品种 1 ～ 2 个，专用品种推广应用率达到 90% 以上，培育引进精深加工龙头企业 2 ～ 3 家。力争将乌兰察布市建成华北地区燕麦良种繁育输出基地核心区和全国绿色有机燕麦原料基地；同时积极争创国家级燕麦科技园。

二、2023 年鄂尔多斯市饲用燕麦种植项目实施方案

为科学、规范、有序实施我市 2023 年饲用燕麦草田建设项目，加快推动全市饲草产业高质量发展，结合《鄂尔多斯市高质量建设国家重要农畜产品生产基地全面推进乡村振兴若干政策措施》及我市工作实际，制定本实施方案。

（一）补贴任务目标

推动饲用燕麦草种植，完成全市饲用燕麦草田 3 万亩建设任务，支持饲用燕麦种植规模化生产，逐步实现优质饲草就地就近供应，保障草食家畜规模养殖需求。

（二）补贴对象、标准和方式

1. 补贴对象

承担《鄂尔多斯市农牧局关于下达2023年各旗区饲草种植任务的通知》（鄂农牧发〔2022〕417号）文件所下达建设任务的旗区，对于不能完成下达任务的旗区，市本级在全市范围内调剂。饲用燕麦种植项目补贴对象为农牧民饲草种植专业合作社、饲草种植大户、饲草生产加工企业和规模养殖场（企业）。

2. 补贴标准及方式

对相对集中连片标准化种植200亩以上的饲用燕麦草田种植主体给予补贴，补贴标准为100元/亩，其中自治区财政补贴70%，市财政配套30%。饲用燕麦草田建设项目采取“先种后补，以奖代补”的方式组织实施，即由申请补贴种植主体先行种植饲用燕麦，验收合格后按规定对其进行补贴奖励。

（三）申报操作程序

1. 申请

符合补贴对象的种植主体自愿向所在地旗区农牧局提出申请，填报《饲用燕麦种植补贴项目申请表》，并提供土地所有或承包租赁材料、拟种植地块坐标点位图。

2. 审核审批

旗区农牧局应当自受理申请之日起，会同旗区财政局完成书面审查和实地核验工作，重点进行合规性审核，将符合条件的项目报市农牧局。市农牧局会同市财政局根据旗区提交的审核意见，作出审批决定并报自治区农牧厅备案。

3. 验收程序

项目达到验收条件时，各申请补贴种植主体应及时向所在地旗区农牧局提出验收申请，旗区农牧局负责组织验收，并会同旗区财政局出具验收报告，验收结果报市农牧局备案。市农牧局会同市财政局组织人员对旗区验收结果进行随机抽验。

4. 验收内容

①核面积：核定饲用燕麦种植地块坐标点位及面积。

②核质量：饲用燕麦成熟期保苗率须达到 85% 以上，生长高度达到 80 cm 以上，长势良好。

5. 公示

验收结束后，旗区农牧部门会同财政部门对验收结果进行公示，公示时间不得少于 5 个工作日，无异议后，兑付补贴资金。

6. 兑付

旗区农牧部门向所在地财政部门提交验收合格补贴面积基础数据和补贴发放对象清册，旗区财政部门及时办理补贴兑付工作。

（四）有关要求

1. 注重因地制宜

严格执行自然资发〔2021〕166 号文件和内政办发〔2021〕95 号文件相关要求基础上，充分利用农闲田（麦后复种）、一般耕地、退耕还林还草地、饲草料地、矿区复垦区、光伏基地、黄河滩区、沙区改良地、盐碱地等土地资源，开展饲草基地建设。

2. 加强项目管理

各旗区要对饲草基地建设进行专项管理，保证各项措施到位，确保高质量完成项目建设任务。要强化项目资金管理，申请人必须如实填报补贴面积，不得弄虚作假。对弄虚作假、挤占、截留、挪用和套取补贴资金等违规行为，依法依规严肃处理。要强化监督检查，认真总结项目实施过程中的成效和经验，不断完善饲草基地建设工作机制。

3. 加强技术服务

依托农牧技术推广部门、科研院所等力量，大力推广先进适用的饲草种植技术、水肥一体化技术、生物灾害绿色防控技术、高效节水灌溉技术、裹包青贮技术和机械化收获技术等，推进饲草生产规模化、田间管理标准化和生产服务社会化。

4. 加强档案管理

要建立完善档案管理制度，建立数字化管理信息档案，包括种植面积、地块坐标点位、组织验收监督检查等具体工作内容。

饲用燕麦种植补贴项目申请表

填报时间：　　年　月　日

<table>
<tr><td colspan="2">法人（负责人）</td><td></td><td colspan="2">联系电话</td><td colspan="2"></td></tr>
<tr><td colspan="2" rowspan="2">实施主体名称</td><td colspan="5"></td></tr>
<tr><td colspan="5">企业　□合作社　□种养户</td></tr>
<tr><td colspan="2">建设地址</td><td colspan="5">旗区　乡镇（苏木）　村（嘎查）</td></tr>
<tr><td colspan="2">申请补贴面积（亩）</td><td></td><td colspan="2">申请补贴（万元）</td><td colspan="2"></td></tr>
<tr><td colspan="2">建设资金（万元）</td><td></td><td colspan="2">资金来源</td><td colspan="2"></td></tr>
<tr><td>种植品种</td><td></td><td>种植时间</td><td></td><td colspan="2">收割时间</td><td></td></tr>
<tr><td colspan="2">灌溉方式</td><td colspan="5">□喷灌　□滴灌　□畦灌　□旱作</td></tr>
<tr><td colspan="2">拟生产草产品</td><td colspan="5">□干草　□青贮　□草粉　□饲草种子　□其他产品</td></tr>
<tr><td colspan="2">计划亩产干草（千克）</td><td colspan="5"></td></tr>
<tr><td colspan="2" rowspan="4">其他资料</td><td colspan="5">□土地使用权证明　□土地承包租赁合同</td></tr>
<tr><td colspan="5">□ 勘验面积：　亩；　□村委会证明</td></tr>
<tr><td colspan="5">田间管理水平：□水肥一体化　□生物灾害绿色防控　□测土配方施肥
□集成配套生产技术和规程　□高效节水灌溉（除土渠输水和漫灌以外）</td></tr>
<tr><td colspan="5">是否有购销合同　□是　□否（自产自销）</td></tr>
<tr><td colspan="2">项目单位意见</td><td colspan="5">法人（负责人）签字：　（盖章）
年　月　日</td></tr>
<tr><td colspan="3">旗区农牧部门审核意见：
（公章）
年　月　日</td><td colspan="4">旗区财政部门审核意见：
（公章）
年　月　日</td></tr>
<tr><td colspan="3">市农牧部门审批意见：
（公章）
年　月　日</td><td colspan="4">市财政部门审批意见：
（公章）
年　月　日</td></tr>
</table>

备注：旗区审核审批意见一栏，如现场审核与材料审核均无异议，应注明“情况属实”，并加盖公章；市审批意见一栏，如材料审核无异议，应注明“同意”，并加盖公章。

第五章

内蒙古燕麦藜麦加工与品牌建设情况

第一节　燕麦加工与品牌建设情况

一、武川莜麦

“武川莜麦”于 2008 年获国家工商行政管理总局集体商标注册，2016 年，国家质量检验检疫总局批准“武川莜面”为地理标志保护产品，2020 年“武川燕麦”“武川莜面”被纳入全国名特优新农产品名录。2021 年“武川莜麦”获得农业农村部农产品地理标志登记认证（图 5−1）。2021 年 11 月，内蒙古武川燕麦传统旱作系统入选第六批中国重要农业文化遗产名单。全县 22 068 t 莜面、1 352.6 t 燕麦胚芽米获国家得绿色食品认证，认证有机农产品包括 5 274 t 莜麦、4 011 t 莜麦粉、燕麦麸粉 1 069 t。武川燕麦产品品牌体系正在逐步形成完善。

农产品地理标志
登记证书

中华人民共和国农业农村部

经审定，登记申请人申报的农产品符合农产品地理标志登记条件和相关技术标准要求，准予登记并允许在农产品或农产品包装物上使用农产品地理标志公共标识，特发此证。

核准登记产品：武川莜麦
登记证书持有人：武川县农业技术推广中心
产品生产总规模：20000公顷，36000吨/年
质量控制技术规范编号：AGI2021-01-3287
登记证书编号：AGI03287

农业农村部
2021年 6月 4日

图 5−1　武川莜麦获批农产品地理标志

二、中国燕麦之都——乌兰察布

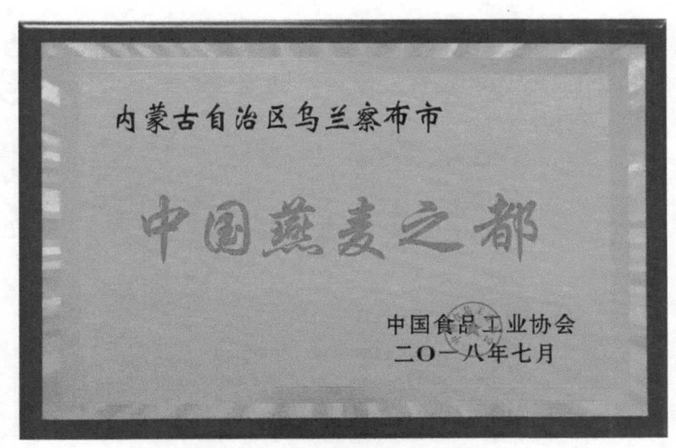

图 5-2　中国燕麦之都

乌兰察布市是华北地区闻名的“杂粮之乡”，燕麦作为乌兰察布市“莜麦、山药、大皮袄”三宝之一里的粮食，深受老百姓喜爱。乌兰察布市燕麦种植历史悠久，发展潜力巨大，经过全市燕麦种植农户、科研工作者长久的努力和探索，已使如今的乌兰察布市成为全国燕麦种植加工核心区、中国燕麦的黄金产区。2016 年 12 月由农业部农产品质量安全中心登记为农产品地理标志“乌兰察布莜麦”。2018 年 8 月乌兰察布市被中国食品工业协会正式命名为“中国燕麦之都”（图 5-2）。近年来，乌兰察布市立足独特的区位、交通优势和丰富的特色农畜产品资源，大力推进农牧业产业结构调整，着力打造面向首都的绿色农畜产品生产加工输出基地，发展壮大“麦菜薯、牛羊乳”六大优势特色产业，全面实施“净菜进京”行动，打造服务首都的“中央厨房”，大力培育绿色、有机、地理标志产品，全面打响“原味乌兰察布”区域公用品牌（图 5-3）。

农产品地理标志
登记证书

中华人民共和国农业部

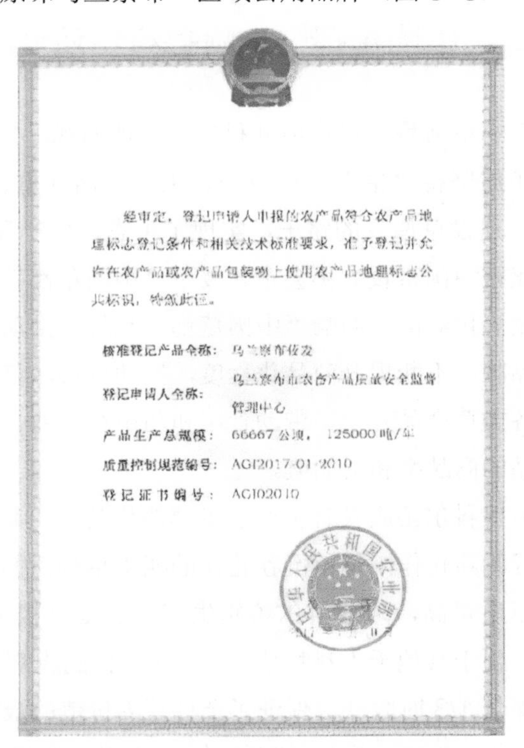

经审定，登记申请人申报的农产品符合农产品地理标志登记条件和相关技术标准要求，准予登记并允许在农产品或农产品包装物上使用农产品地理标志公共标识，特颁此证。

核准登记产品全称：乌兰察布莜麦
登记申请人全称：乌兰察布市农畜产品质量安全监督管理中心
产品生产总规模：66667 公顷，125000 吨/年
质量控制规范编号：AGI2017-01-2010
登记证书编号：AGI02010

顶级国际域名证书
Certificate of Generic Top Level Domain Name

ICANN

ICANN 标志由互联网名称与数字地址分配机构所有

本证书由互联网名称与数字地址分配机构ICANN(The Internet Corporation for Assigned Names and Numbers)授权REGISTRARS.COM并由厦门网标信息科技有限公司（wb.xmwangbiao.com)制作并颁发此证。

证明：

域名 中国燕麦之都.com 已由 Wu Lan Cha Bu Shi Nong Mu Ye Ke Xue Yan Jiu Yuan 注册，并已在国际顶级域名数据库中记录。

域名(Domain Name)：	中国燕麦之都.com
域名注册人(Registrant,中文)：	乌兰察布市农牧业科学研究院
域名注册人(Registrant,English)：	Wu Lan Cha Bu Shi Nong Mu Ye Ke Xue Yan Jiu Yuan
注册时间(Registration Date)：	2018-07-17 14:14:54
到期时间(Expiration Date)：	2028-07-17 14:14:54
域名服务器(Domain Name Server)1：	ns5.myhostadmin.net
域名服务器(Domain Name Server)2：	ns6.myhostadmin.net

域名证书专用章

以下说明与本证书主文一起构成本证书统一整体，不可分割：

1．本证书表明证书上列出的组织或者个人是列出的域名的合法注册人。该注册人依法享有该域名项下之各项权利。
2．本证书并不表明厦门网标信息科技有限公司的运营商---厦门网标信息科技有限公司对本证书所列域名是否贬斥、侵害或毁损任何第三人之合法权利或利益作出任何明示或默示之评判、确认、担保，或作出其它任何形式之意思表示。厦门网标信息科技有限公司亦无任何责任或义务作出上述之评判、确认、担保，或作出其它任何形式之意思表示。
3．因本证书中所列域名之注册或使用而可能引发与任何第三人之纠纷或冲突，均由该域名注册人本人承担，厦门网标信息科技有限公司不承担任何法律责任。厦门网标信息科技有限公司亦不在此类纠纷或冲突中充当证人、调停人或其它形式之参与人。
4．本证书不得用于非法目的，厦门网标信息科技有限公司不承担任何由此而发生或可能发生之法律责任。

当本证书持有、出具、展示或以其它任何形式使用时，即表明本证书之持有人或接触人已审读、理解并同意以上各条款之规定。

CNNIC
中国互联网络信息中心
CHINA INTERNET NETWORK INFORMATION CENTER

国家域名注册证书

编　　号：20180717016379047
域　　名：中国燕麦之都.中国
注 册 者：乌兰察布市农牧业科学研究院
所属注册服务机构：成都西维数码科技有限公司
有 效 期：2018 年 7 月 17 日—202[illegible]年 [illegible] 17 日

中国互联网络信息中心（CNNIC）

201[illegible]年 1 月 [illegible] 日

备注：

1．以下说明与本证书主文一起构成本证书统一整体，不可分割。

图 5-3　乌兰察布燕麦所获荣誉

三、中国草都——阿鲁科尔沁旗

赤峰市阿鲁科尔沁地处科尔沁沙地西缘，生态环境脆弱、草畜矛盾突出。2008 年以来，阿鲁科尔沁旗坚持“生态生计兼顾、生产生活并重、治沙致富共赢”的指导思想，走出了一条“立草为业、建设草原”的路子，实现了生态、生产和生活的统一。2013 年 8 月 24 日，内蒙古阿鲁科尔沁旗被中国畜牧业协会正式授予“中国草都”称号。近些年，赤峰市突出品牌化打造，立足建设草业发展优势区，叫响“中国草都”品牌，推动“赤峰苜蓿”“赤峰燕麦”纳入赤峰农畜产品区域公用品牌，不断提升商品化程度，推动草块、草砖、草粉专业化规模化生产，支持功能饲草、发酵草等各类草产品开发，带动食用和药用草产业、草原生态产业、草原观光旅游业等产业发展，提升草产品的商品率和附加值。

阿鲁科尔沁旗具有生产燕麦草的优势，一是有专业的生产基地，每年有 10 万亩以上的苜蓿草地进行倒茬轮作，每年倒茬轮作的燕麦草种植面积在 10 万亩以上，每年可以刈割 1 ～ 2 茬。二是燕麦草质量高，阿鲁科尔沁旗生产的燕麦草粗蛋白质含量 10% ～ 14%，可溶性碳水化合物含量 19%，优于其他禾本科牧草。三是从种植到收割全程机械化，标准化操作，所有燕麦在不完全成熟、籽粒灌浆 1/3 时收获，保证了全株营养价值的最大化和更佳的饲喂适口性。燕麦干草作为市场化的禾本科优质干草，增加了阿鲁科尔沁旗优质饲草种类，也为我国奶牛养殖提供了饲草来源。

2019—2022 年阿鲁科尔沁旗每年优质饲用燕麦种植面积均稳定在 10 万亩以上，年生产优质燕麦草 15 万 t 以上。

第二节　藜麦加工与品牌建设情况

一、太仆寺旗藜麦

太仆寺旗有着得天独厚的地理条件，适合种植藜麦，因昼夜温差大，藜麦颗粒圆滚、淀粉、蛋白质、水分等检测中较其他地方藜麦营养成分优势明显，也造就了太仆寺旗藜麦富有极高的营养价值，深受广大消费者与当地种植者的喜爱。目前全旗种植藜麦面积达到 10 000 亩以上，推出了“甄老头”藜麦代餐粉、藜麦胚芽片、藜麦饼干等衍生品 20 余种，通过淘宝、京东、抖音、社群团购等线上渠道累计销售 300 余万元。太仆寺旗在扩大种植面积的基础上，拓宽藜麦加工销售产业链条，兴建了藜麦精深加工厂、包装车间等，研发出藜麦米、藜麦酒、藜麦饼干、藜麦代餐粉、藜麦片等多款特色产品，通过线上线下多种渠道销往全国各地。通过发展藜麦产业促进农民增收致富，推动产业结构调整，为乡村振兴增色，2021 年 9 月，“太仆寺旗藜麦”成功获批为国家地理标志证明商标（图 5-4）。

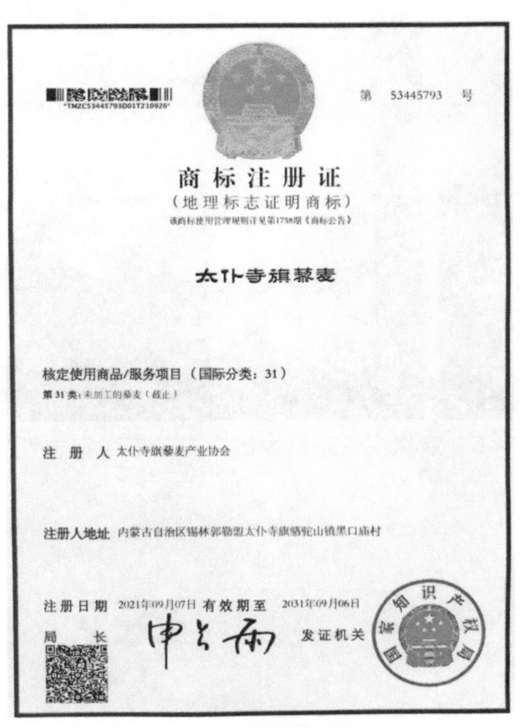
"TMZC53445793D01T210926"

第　53445793　号

商 标 注 册 证

（地 理 标 志 证 明 商 标）

该商标使用管理规则详见第1758期《商标公告》

太仆寺旗藜麦

核定使用商品/服务项目（国际分类：31）

第 31 类：未加工的藜麦（截止）

注　册　人　太仆寺旗藜麦产业协会

注册人地址　内蒙古自治区锡林郭勒盟太仆寺旗骆驼山镇黑口庙村

注册日期　2021年09月07日　有效期至　2031年09月06日

局　　长　　　　发证机关

国家知识产权局

图 5-4　太仆寺旗藜麦获批地理标志

二、武川藜麦

藜麦产业适应在高海拔和干旱、瘠薄的土地上种植，抗逆性强，具有耐寒、耐旱、耐瘠薄、耐盐碱等特性，同时武川气候冷凉、昼夜温差大，土壤以栗钙土、灰褐土为主，土质疏松，通气性强，有机质含钾量较丰富，特别适合发展藜麦产业。武川藜麦产业具备耗水量低、化肥用量少、无农药残留、种植成本低、利润高等多项基础优势。武川藜麦产业自 2016 年开始种植推广，藜麦种植面积逐年扩大 2022 年全县藜麦种植面积达 6.48 万亩，主要品种有黑藜麦、红藜麦、雪藜麦、青藜麦、灰藜麦，已经形成藜麦地域产业发展的雏形。

武川县大力扶持藜麦产业发展，积极提供产业技术指导，通过复壮以及配套标准化栽培技术支撑，辅助农户找到最适宜的种植方法及品种，带动农民发展藜麦产业对优化种植业结构，带动养殖业发展，促进农业产业增效、农牧民增收具有重要意义。通过建设藜麦科技小院，建立藜麦加工车间等方式，积极打造全方位藜麦产品，带动当地藜麦产业健康发展，目前藜麦产业已逐步发展成为推动武川县乡村振兴的重要支撑产业。“武川藜麦”在 2022 年第八届中国农业品牌颁奖盛典上被评为中国农产品百强标志性品牌（图 5–5）。2023 年武川藜麦准备申报全国名特优新农产品。

图 5–5　武川藜麦获批中国农产品百强标志性品牌

第六章

内蒙古燕麦藜麦龙头企业介绍

第一节　内蒙古燕麦龙头企业介绍

一、三主粮集团股份公司

（一）三主粮集团股份公司企业简介

三主粮集团股份公司成立于 1997 年，注册资本 6 亿元，资产总规模达到 50 亿余元人民币，是国家高新技术企业，内蒙古自治区农牧业产业化重点龙头企业集团旗下有 10 家控股子公司及研究院、书院。三主粮集团投建了全国规模最大、自动化程度最高的十万吨燕麦产业园和双十万吨核桃红枣产业园，是首家开启裸燕麦“食米时代”的公司，产品体系丰富，其中燕麦米、燕麦肽、核桃肽、茶多酚、茶黄素燕麦代餐粉等多项产品具有较强的竞争优势，在市场上受到客户一致好评。其中三主粮集团燕麦米产品荣获“内蒙古名牌产品”、内蒙古“名优特”农畜产品称号，全国百姓放心产品等荣誉。“燕麦米加工关键技术的开发”为内蒙古科技成果。

三主粮集团科技成果显著，获得中绿华夏、德国 BCS 双有机认证，并获得“裸燕麦剥皮脱壳技术”“超临界萃取燕麦麸油技术”等技术专利 80 余项，300 余件商标，60 余件著作权，3 项地方标准，在行业内保持领先地位。

公司共有 5 条生产线办理了 SC 食品生产许可证，分别是：莜面、荞面、燕麦米、杂粮速食面、冷榨、热榨亚麻籽油。公司产品曾被国家乡村援兴局确定为全国扶贫产品名录、包头市市级扶贫龙头企业、包头市粮食应急保障加工企业、粮食应急保障供应企业。1 000 亩旱地内种植莜麦、荞麦，4 种获得有机食品认证；公司通过绿色食品认证的 6 种产品共 14 800 亩，固阳县土特产协会共 8 项地理标志证明商标，公司现使用 5 件地标；在“2019 中国粮食交易大会粮油营养健康消费品鉴”活动中，公司纯荞麦速食面荣获荞面挂面组全国第一位！公司具有加工纯杂粮速食面的技术，生产出的杂粮速食面不添加任何防腐剂和添加剂，单一种杂粮纯度在 99% 以上，达到国内领先水平，特别适合“三高人群”食用，现销售势头良好。产品在河南、上海等十几个电视台等线上平台及包头市永盛成超市等内蒙古西部的部分粮店、饭店、超市等线下平台进行销售，线上线下销售网络逐步建立。努力把燕麦和荞麦等杂粮打造成为全国百姓最喜爱的健康绿色食品。

（二）企业产能及运营情况

1. 企业各种产品生产能力

莜面：年产能 1 800 t；荞面：年产能 1 800 t；青稞：年产能 800 t；苦荞：年产能 800 t；燕麦米：年产能 1 100 t；胡麻油（包括冷榨亚麻油）：年产能 1 100 t；2 条杂粮速食面生产线：年产能 1 400 t。

2. 原料消化能力

莜麦：3 000 t / 年；荞麦：3 000 t / 年；青稞：1 000 t / 年；苦荞：1 000 t / 年；胡麻：4 000 t / 年。

3. 公司发展规划

①以“蒙翔山高”牌荞麦、莜麦等杂粮产品绿色、营养、健康、好吃为主题，围绕固阳县的地理生态环境、种植基地优势、产品的营养品质以及杂粮丰富的历史文化，利用信息网络、电视、广播等新媒体，开展品牌宣传，扩大杂粮（荞麦、莜麦、苦荞、青稞）等产品在全国的知名度和影响力，提高企业的市场竞争力，促进农民增收。

② 2022 年依托专业种植合作社、家庭农场（种植大户）建设 2 万亩优质绿色杂粮（荞麦、莜麦）产品生产基地；2022—2024 年建成 10 万亩绿色杂粮（荞麦、莜麦）产品生产基地。

③根据公司的发展需要，利用 3 年时间，建设公司的优质杂粮质量检测控制中心，并依次申报创建杂粮（荞麦、莜麦、苦荞、青稞）精深加工工程技术研究中心；并进一步强化公司与中国农业科学院、中国农业大学、国家粮食和物资储备局科学研究院、内蒙古自治区农牧业科学院杂粮研究所、内蒙古农业大学、包头市轻工技术学院等单位的产学研协同创新工作，为公司整体技术水平提升、研发能力提升、市场竞争能力和盈利能力提升提供专业保障。

④完善公司的社会服务体系。到 2024 年建成内蒙古蒙降三高食品有限责任公司直接控股的农业服务组织，并带动公司内其他服务组织，一是为公司内的杂粮种植成员提供整地、播种、育苗、间苗、施肥、浇灌、打药、除草、机收等一条龙式的农业服务；二是为公司内种植农户提供有机肥料。

⑤产品卖点。莜面：地理标志认证，绿色认证，有机认证，99% 纯莜麦生产。荞面：地理标志认证，绿色认证，有机认证，99% 纯荞麦生产。冷榨亚麻籽油：地理标志认证，绿色认证，99% 纯胡麻压榨。杂粮速食面：99% 单一种纯杂粮面粉生产；具体卖点如下：

“蒙翔山高”牌杂粮速食面卖点是三高人群的智选主食，解决了三高人群难以选择主食的难题；纯燕麦速食面由 99% 的纯燕麦面粉制作，纯荞麦速食面由 99% 的纯荞麦面粉制作，纯苦荞速食面由 99% 的纯苦荞面粉制作，纯青稞速食面由 99% 的纯青稞面粉制作；无任何食品添加剂；无任何其他面粉和淀粉；非油炸食品；地理标志证明商标产品：纯燕麦速食面，纯荞麦速食面、纯苦荞速食面；绿色食品：纯燕麦速食面，纯荞麦速食面；高膳食纤维产品：纯苦荞速食面、纯青稞速食面，纯燕麦速食面；含有膳食纤维产品：纯荞麦速食面。

4. 龙头企业社会责任意识（助农惠农方面）

一是带农就业增收责任。带动农户农业增收方面，通过发展燕麦种植，引导农户从事生产，并通过订单以保护价的方式回收农产品，确保农户获得稳定收益。带动农户非农增收方面，通过雇佣当地农民进入企业长期就业或吸纳季节性农民工就业。二是保障食品安全责任。在原料购进、加工过程、质量认证等相关方面要有控制力。三是保障员工福利责任。主要表现为按时足额发放工资、奖金，并根据社会发展逐步提高工资水平改善劳动条件，杜绝重大伤亡事故的发生，积极预防职业病等。四是保护环境责任。五是参与社会慈善事业责任。

二、内蒙古燕谷坊生态农业科技（集团）股份有限公司

内蒙古燕谷坊生态农业科技（集团）股份有限公司，为国家级龙头企业，2012 年注册于内蒙古武川县，企业现有员工 325 人，现有 1 万 t 燕麦加工生产线，以及燕麦膳食纤维粉、马铃薯主食生产线。莜麦在产业链经营上已开发有燕麦胚芽米、莜麦粉系列、全芽大米、燕麦黑醋、燕麦清脂茶、燕麦高纤面、燕麦膳食纤维粉、燕麦全谷物饼干、燕麦美颜皂、燕麦 β－葡萄糖用牙膏等五大系列 60 多个品类。市场开拓主要集中在华东、华南等沿海地区近万家门店以及味米智选 App、天猫、京东电商旗舰店。燕谷坊进行订单扶贫，为当地脱贫做出了贡献。与 33 个贫困村签订共同建设扶贫车间协议，涉及贫困户 1 681 户 3 362 人，每个贫困村收益 4.7 万元。

三、内蒙古阴山优麦食品有限公司

内蒙古阴山优麦食品有限公司属内蒙古民丰种业有限公司的子公司，位于世界燕麦发源地之一的“阴山北麓”地区，是世界著名的优质燕麦主产区之一。公司成立于 2013 年，是一家集燕麦育种、规模化种植、多产品深加工、产品销售、仓储物流、燕麦科技创新、燕麦文化与品牌推广为一体的燕麦全产业链公司。目前，已建成年产 3 万 t 燕麦香米、2 万 t 燕麦片、2 000 万支燕麦杯、6 000 t 燕麦粉（莜面）加工生产线，是中国最大的裸燕麦生产加工企业。公司任人唯贤、重用人才、科学创新、产品创优、技术力量雄厚，是国家级农业产业化重点龙头企业、国家高新技术企业、全

国为全面建成小康社会做贡献先进集体、自治区扶贫重点龙头企业、自治区先进私营企业。

公司目前拥有主食类、冲调类、休闲类、功能类四大系列 40 多个单品，已注册“阴山优麦”“小燕子”“燕纤坊”“塞宜德”四大品牌为主的 50 多个商标，获批发明专利 2 项、实用新型 8 项。通过多年的市场渠道建设，已完成七大区域覆盖 19 个省、60 多个城市的市场布局，涵盖西北、西南、华南、鲁豫皖、东北、华东、华北、华中八大区域；成功开拓了一大批集团业务渠道及多个电商渠道。2020 年实现年销售额 1.06 亿元，2021 年实现年销售额 1.2 亿元，2022 年计划销售 2 亿元。

公司成立后，积极履行社会责任，与当地农民建立起紧密型的利益联结机制。通过推动一个产业集群的发展，切实解决当地的就业和农民的增产增收问题。2015 年公司燕麦米荣获“中国农业明星产品”称号；2016 年阴山莜麦基地被评为“全国青少年儿童食品安全科技创新试验示范基地”；2017 年荣获“中国最具民族基因品牌十强”“中国燕麦健康食品行业品牌十强”“中国最受消费者信赖品牌”“内蒙古质量服务诚信 AAA 级单位”“全区先进私营企业”等称号；2018 年被评为“3・15 消费者放心满意品牌企业”；2019 年被认定为“内蒙古农牧业产业化重点龙头企业”“内蒙古自治区放心粮油示范加工企业”和“内蒙古百强品牌”；2020 年荣获“中国行业品牌年度创新企业”证书，同时“小燕子”商标获“亚洲名优品牌”。

（一）实施“订单农业”，解决贫困农民“三难”（买难、种难、卖难）问题

采用“公司 + 农场 + 基地”的合作模式，每年春耕时节，公司与农户签订《购销合同》，在秋收季以高于市场价 20% ～ 30% 的价格进行收购。2019—2021 年在察哈尔右翼中旗及周边旗县共同发展燕麦种植订单 18 万亩，其中涉及贫困户 6 000 余户，户均纯收入增加 3 000 元。并每年向全旗贫困户捐赠价值 60 万元的燕麦种子和马铃薯种薯。

（二）支持发展村集体经济，拓宽贫困农民致富之路

公司已与当地 86 个嘎查村签订了合作协议，累计吸收村集体经济 5 803 万元入股。公司每年支付村委会不低于 6% 的分红，截至目前已累计支付分红 523 万元。

（三）吸收异地移民后续产业发展资金，为贫困农民搭建增收平台

公司邀请当地弱体劳力建档立卡贫困户入股公司，参与到公司的产业化经营当中，自 2017 年起，共有 4 052 人合计 4 052 万元资金入股到公司，公司按照保本分红的原则，为每人每年分红不低于 800 元，累计发放分红款 324 万元。

（四）开展金融扶贫，为贫困农民架起致富桥梁

公司向农村信用社申请人民银行扶贫再贷款 600 万元，按照每 5 万元拉动一户贫困户，拉动丧失劳动能力的贫困户和残疾户 120 户，每年向每户贫困户支付收益 1 000 元。

（五）优化用工模式，为贫困农民提供就业岗位

为当地农户提供就业岗位，直接带动就业 300 余人，其中建档立卡贫困户 35 人，每人每年收入不低于 3 万元。

（六）借助京蒙帮扶助推脱贫步伐，承接京蒙帮扶项目

大滩乡莜面加工厂建设项目总投资 480 万元，该项目大滩乡政府委托阴山优麦公司生产经营，公司每年支付收益 33.6 万元，帮扶贫困户 525 户。

未来，作为“麦芒扶贫公益行动”的发起者，内蒙古阴山优麦食品有限公司将继续采用“公司 + 农场 + 基地”的合作模式，在订单收购、发展村集体经济、入股分红、土地流转等乡村振兴模式的基础上，加大扶持力度。与小农户形成稳定的利益共同体，继续沿着农民增收、农村发展、农业增效的路子走下去，为当地“乡村振兴”工作做出积极贡献。

四、内蒙古塞主粮食品科技开发有限公司

内蒙古塞主粮食品科技股份有限公司成立于 2016 年 4 月，投资总额 3 000 万元人民币，占地 14 000 m^2，是一家功能性有机农业食品开发与推广的高科技集团化公司，公司拥有规范的有机种植基地，专注于有机食品的研发、生产、销售，倡导有机生活，推动健康产业，提高全民生活品质。

该公司自筹资金 1 000 万元在乌兰察布市创建中国首家“燕麦养生科普馆”，是一家集燕麦养生科普知识宣传、燕麦文化宣传的专业性展馆。该馆分三层，一楼是燕麦科普，二楼是燕麦产品超市，三层是燕麦研发和燕麦养生课堂及办公区域。该馆从燕麦栽培历史、燕麦生长环境仿真模拟、燕麦农作器具展示、燕麦世界分布、燕麦品种溯源、燕麦美食展示等多方面展示燕麦的魅力。该馆的落成强化了人们对燕麦历史文化的了解，推动了国人对燕麦营养保健价值的认知、认可和接纳。也让更多的人了解到“世界燕麦看中国、中国燕麦看内蒙古、内蒙古燕麦看乌兰察布”。

（一）主营业务

塞主粮燕麦胚芽米，是目前国内燕麦产业的知名品牌，企业严把原粮和产品品质关，燕麦原粮

全部来自乌兰察布市，乌兰察布市是世界公认的燕麦黄金生长纬度带，所种植的燕麦内在品质优良、营养丰富，其 β－葡聚糖、蛋白质、脂肪含量均高于其他同类产品。塞主粮燕麦胚芽米采用全物理冷加工技术，“破壁、去壳、去芒、去苦、去涩”，保留了燕麦最有活性、营养的胚芽，最大程度保留了燕麦的营养成分，真正零添加，全绿色，真健康！是糖尿病、便秘、心脑血管患者适宜的全谷物营养食品。

塞主粮大粒裸燕麦片是优质燕麦精细加工制成，无糖、纯天然、无添加、使其食用更加方便，口感也得到改善，成为深受欢迎的保健食品，其中的膳食纤维具有许多有益于健康的生物作用，适当膳食纤维的摄入，可以起到滑肠、通便、排毒的功效。燕麦中的维生素 E、亚麻酸、铜、锌、硒、镁能清除体内多余的自由基，抗衰老；燕麦中含有褪黑素，具有去黑斑、使皮肤白皙的作用。

塞主粮燕麦速食面营养丰富，其脂肪的主要成分是不饱和脂肪酸，其中的亚油酸可降低胆固醇、预防心脏病，燕麦面高营养、高热量、低淀粉、低糖，适应了糖尿病患者的饮食需求。

（二）发展状况

2018 年 1 月 31 日，塞主粮燕麦由察哈尔右翼前旗政府推荐走进全国人大，参加全国人大消费扶贫启动仪式。此次的现场展示产品入驻了公益善缘网络平台，得到了现场及广大线上用户的高度评价和认可。2019 年 4 月，经察哈尔右翼前旗政府领导和全国人大机关的共同努力，塞主粮代表察哈尔右翼前旗特色农产品走进全国人大，塞主粮燕麦系列产品正式进驻全国人民大会堂宴会厅、人民大会堂宾馆、人大会议中心和全国人大机关食堂，真正做到了消费贫困地区企业特色产品，带动农民增收脱贫。

2016—2021 年，塞主粮累计带动 2 000 多户建档立卡贫困户进行订单扶贫，资金托管扶贫，成为名副其实的精准扶贫企业。2018 年被中共察哈尔右翼前旗委员会，旗政府评为“优秀扶贫龙头企业”。2017 年乌兰察布燕麦被农业部评为地理标志农产品，塞主粮基地第一个通过审核使用 001 号地理标志。2017 年塞主粮燕麦生产基地被授牌“内蒙古农业大学生命科学研究院实习实训基地”“乌兰察布市农牧业科学院科普教育基地”“乌兰察布市科技协会科普教育基地”。2018 年塞主粮被授予“自治区扶贫龙头企业”“乌兰察布市放心粮油示范企业”。同年被内蒙古自治区餐饮协会授予“最佳食材供应商”，被中国光彩促进会授予“全国光彩事业重点项目”，被乌兰察布市人民政府授予“农牧业产业化重点龙头企业”称号，并荣获中国消费质量万里行“消费者满意品牌”。2019 年塞主粮被察哈尔右翼前旗政府授予“优秀扶贫龙头企业”称号，被察哈尔右翼前旗工商联授予“优秀会员企业”。

2020 年公司投资 374 万元新建一台选粮设备，日选毛粮 20 t，大大降低了收购毛粮外地清选的费用，同时也增加了农民的收益，按目前没有满负荷清选每天选粮 15 t 来算，每年至少增加收购粮食 1 500 t，按高于市场平均价 0.4 元 /kg 预算，农民比往年多受益 60 多万元。2021 年在察哈尔右翼前旗玫瑰营镇老官路村占地3 089亩的乌兰察布莜麦地理标志保护工程项目中塞主粮是标志使用企业，将政府给予补贴的种子和肥料全部赠送给当地种植农户，并且还投入3万余元为农民购买了欠缺的种子。2021年3月，耗资70多万元研发生产出新品燕麦红曲粉、燕麦肽、荞麦膨化片等几款新产品。

内蒙古塞主粮食品科技股份有限公司提倡诚信、团结、敬业、奋斗的企业精神文化，生产开发塞主粮系列产品，积极宣传普及燕麦文化，专注燕麦产业全产业链的开发，目标将塞主粮燕麦胚芽米打造成为国人餐桌上第一健康主粮！

五、武川县禾川绿色食品有限责任公司

武川县禾川绿色食品有限责任公司成立于2006年，注册资金1 000万元，公司位于武川县金三角工业园区，占地2万m^2，是一家集种植、收购、加工、销售、进出口为一体的绿色杂粮生产企业。注册商标“禾川”系呼和浩特市知名商标。2007年禾川牌武川莜面通过国家绿色食品A级认证，国家食品药品SC管理认证，2019年公司产品莜面粉和胚芽燕麦米通过ISO 9001产品认证和食品安全管理体系认证。公司主要经营“禾川”牌绿色燕麦面、荞麦面和全胚芽燕麦米，年加工能力3 000 t，年产值2 240万元。一方面建燕麦基地，另一方面发展订单种植，已与武川8个乡镇签订了绿色生产基地种植购销合同。全县目前现有以燕麦种植为主或轮作倒茬的农民合作社、家庭牧场等新型经营主体180多个，燕麦规模化、标准化种植面积10万亩以上。

六、凉城县世纪粮行有限公司

凉城世纪粮行有限公司（田也杂粮）创建于2000年，是一家集种植、收购、储藏、加工、销售五位一体的综合性杂粮企业。公司以“让农民种好粮致富，让市民吃好粮健康”为使命，秉承“不添加、不染色”的核心价值观，专注杂粮产业，打造健康主食运营平台。公司采用“公司＋基地＋农户＋合作社”的运营模式，形成了农村合作社负责种植及收购，加工基地负责产品储藏及加工、销售公司负责销售和服务的全产业链布局，同时以规模化、标准化、产业化的发展思维融合全新互联网模式，成为内蒙古农牧产业化重点龙头企业。

在生产上，田也杂粮一直把“让农民种好粮致富，让市民吃好粮健康”作为核心使命。一方面围绕农民的需求，通过农村合作社发展订单农业，向合作农户提供种植、施肥、灌溉、收购等一条龙服务，带动农民脱贫致富。另一方面，田也杂粮投建6万亩杂粮基地，建立“产品溯源暨全程绿色防控”系统，全力确保消费者舌尖上的安全。

在加工上，田也杂粮是西北地区最大、最专业的杂粮精加工商，可实现产品的标准化、定制化加工生产。目前，加工基地占地面积 2.8 万亩，拥有精加工生产线 7 条，万吨粮食储备库 1 座，每年可收购原粮 1 万 t，精加工杂粮 1 万 t，年产能 8.4 万 t，可生产加工黑豆、燕麦米、红谷米、藜麦米、莜面、糕面的等三大系列 32 款产品。

在销售上，“不添加，不染色，不骗人”是田也杂粮一直遵守的核心价值观，也是田也杂粮的核心竞争力。田也杂粮的所有产品均通过国际质量管理体系认证、绿色农产品认证和英格尔检测集团认证。田也杂粮产品在永盛成、维多利、华联和京东、淘宝、微店等线上线下多种渠道销售，受到消费者的广泛认可。其次，凭借着出色的精加工能力，田也杂粮还是西贝莜面村、马家私房面、浩翔餐饮等知名餐饮品牌的供应商。在与西贝莜面村为首国内优秀餐饮品牌战略合作的 10 年里，田也杂粮形成了一套系统、专业的餐饮连锁精选杂粮供应体系和标准，致力于成为西北地区最专业的餐饮行业精选杂粮供应商。

公司注重品牌影响力的打造。从企业品牌、产品设计、厂区形象等几个方面塑造品牌差异化，扩大品牌的影响力。提出了“100% 精选旱地杂粮”的概念以及“田字格”的超级符号，通过品牌意识，田也杂粮的业务规模和利润持续增长，公司先后被评为“乌兰察布市农牧业产业化重点龙头企业”“自治区扶贫龙头企业”“内蒙古自治区农牧业产业化重点龙头企业”。先后获得“内蒙古名牌产品”称号，“全国农民专业合作社示范社”“第十届中国国际农产品交易会金奖”“粮油企业 50 佳”“内蒙古自治区著名商标”“信用等级 A 级企业”“放心杂粮”“内蒙古名牌产品”“乌兰察布市市长质量奖”等荣誉。2006 年荣获“诚信企业”称号；2008 年获“全县优秀非公有制企业”和“守合同重信用企业”称号；2009 年荣获“全市百家诚信企业”和“村建设标兵”称号；2011 年荣获“守合同重信用单位”称号；2014 年荣获“第十次全县民族团结进步模范”称号；2015 年荣获“乌兰察布市五一劳动奖状”；2016 年获“内蒙古自治区农牧业产业化重点龙头企业”证书；2017 年“田也”品牌获“内蒙古名片百强品牌”。

公司注重产品品质的提升。一是优化种植环境，基地直供品质有保证；二是强化“精加工”能力，高标准、严要求精选放心产品；三是提供稳定性强、质量好的产品，加强与相关方的合作，持续提供 100% 精选的旱地杂粮，保护消费者顾客食品餐桌安全。

七、兴和县同恒粮油贸易有限责任公司

兴和县同恒粮油贸易有限责任公司成立于 2009 年，是一家集燕麦收购、燕麦加工品、燕麦碾磨加工品、燕麦仓储、燕麦米销售于一体的公司。公司现有国内领先水平的燕麦加工生产线两条，年加工能力 15 000 t。公司的诚信、实力和产品质量获得业界的认可，先后被评为“乌兰察布市

农业产业化重点龙头企业”“自治区扶贫龙头企业”“自治区粮食加工应急点”等。2012 年荣获“乌兰察布市农牧业产业化重点龙头企业”称号；2014 年荣获“乌兰察布市扶贫龙头企业”称号；2015 年荣获乌兰察布市粮食局颁发的“放心粮油示范企业”称号，2017 年荣获“自治区扶贫龙头企业”称号；2018 年荣获“乌兰察布市农牧业产业化重点龙头企业”称号和内蒙古自治区粮食局颁发的“粮食应急加工企业”证书。

公司注重社会责任意识的提高，在发展企业的同时不忘初心，帮助当地的农民脱贫致富。公司 2018 年带动建档立卡贫困户 126 户，2019 年带动建档立卡贫困户 106 户，2020 年带动建档立卡贫困户 76 户。通过种植户与企业建立利益联结机制，采取“企业 + 基地”模式，大力发展“订单农业”，重点推广高产优质燕麦种子、高产栽培技术、病虫害绿色防控技术和施肥技术等，打造规模化、标准化优质燕麦优势产区。同时，大力推进燕麦无公害产品认证、绿色产品认证、有机产品认证等认证工作，实现良种良法配套，农机农艺结合，提高产量品质，实现增产、增收和增效的目标，提升旱作农业的综合收益。

八、乌兰察布瑞田现代农业科技公司

乌兰察布市瑞田现代农业有限公司坐落于内蒙古乌兰察布市察哈尔右翼前旗巴音镇。公司成立于 2008 年，占地面积 200 亩，是一家集农业种植、农机服务、奶牛养殖、肉牛育肥，种、养、加工、销售相结合的农业全产业链企业。公司拥有流转土地 12 000 亩，存栏奶牛 1 800 头，肉牛 500 头，配备有国际及国内先进的农机设备，粮食烘干设备，1 500 t 铁板储粮塔，存储 10 000 t 干草的干草棚，标准化牛舍，60 位转盘挤奶机。公司与内蒙古农业大学、乌兰察布市职业学院合作，成为 2 所院校的产、学、研基地。公司依托 2 所院校技术资源，组建由农牧业专家教授、牧场管理专家、大中专技术人员组成的技术团队，确保公司安全、高效运营。

公司 2015 年被农业部评为“奶牛标准化示范场”，2013 年被农业部评为“全国种粮大户”，2014 年公司被评为“内蒙古自治区扶贫龙头企业”“乌兰察布市扶贫龙头企业”和“乌兰察布市农牧业产业化重点龙头企业”。2013 年荣获“全国种粮大户和优秀个体工商户”称号；2014 年荣获“乌兰察布市扶贫龙头企业和优秀个体工商户”称号；2017 年获“乌兰察布公益之心”称号；2018 年荣获“全国万企帮万村先进企业”称号；2019 年荣获“自治区农业产业化重点龙头企业”称号。

公司发展坚持“立草为业、为养而种、以先进的农机设备、促现代农业发展”理念，把草业、牧业作为一个主导产业，带动并辐射周边农户和养殖户增加收入，实现公司效益与社会效益双赢。公司通过土地入股，企业统一经营，形成了农民“土地入股、二次分红、风险企业承担、利益共享”

的模式，调动了农民参与企业经营的积极性。

九、纳尔松酿业有限公司

纳尔松酿业有限公司始建于 1949 年 9 月，原为集宁市制酒厂。1999 年企业转型改制，并更名为集宁纳尔松酿业有限公司。有着 70 多年的酿酒历史，目前公司坐落在集宁区纳尔松河畔，占地面积 140 余亩，注册资金 1 亿元，资产总额 3 亿多元。年生产原浆白酒能力达 10 000 余吨，库存储备原浆达到 8 000 余吨：拥有自动化和半自动化灌装线 10 条，年产值可达 10 亿元以上。现有 2 项发明专利和 9 项外观设计专利。2006 年企业通过了 ISO 9001 国际体系认证；2009 年“纳尔松酒制作技艺”被纳入乌兰察布市非物质文化遗产名录；历年被乌兰察布市评为“农牧业产业化龙头企业”；曾多次被乌兰察布市工商业联合会评选为“公益之星”和“扶贫济困”先进企业。“纳尔松”注册商标被内蒙古评为“内蒙古老字号”；连续七届被内蒙古品牌大会组委会和内蒙古品牌建设促进会、品牌评价专业委员会评为知名品牌和优秀品牌。

2016 年 4 月共同依托乌兰察布燕麦黄金产地的优势研发创新燕麦酒，组建燕麦酿酒小组，选用乌兰察布市优质燕麦与东北优质高粱、三大香型的发酵曲、三大香型的发酵工艺进行为期 6 个月的酿酒实验，最终确定了 70% 的燕麦和 30% 的高粱配比，清、浓、芝三种香型的发酵曲。并采用传统发酵工艺酿造出独具麦香味的燕麦酒。2016 年底开始规模酿造燕麦酒，现储存燕麦原浆酒约 2 000 t。2017 年 1 月 10 日，农业部根据乌兰察布市地处北纬 41° 优越的地理环境，颁发了农产品地理标志公共标识证书。公司被政府挂牌定为“乌兰察布市农牧科学院燕麦酿造基地”。

2018 年 4 月内蒙古农业大学食品科学与工程学院大学生校外教学科研实习基地在纳尔松业有限公司落成；同年被乌兰察布市委统战部、宣传部和民委评为民族团结示范企业；2019 年荣获中国国际贸易促进会颁发的“中华传统好食品”称号，被内蒙古自治区消费者协会、内蒙古市场发展促进会评为“消费者信得过产品”企业；11 月经品牌观察杂志社、品牌观察研究院、内蒙古品牌实验室及其独立的专家委员会评估，“纳尔松”注册商标品牌价值为 3.88 亿元，并颁发了品牌价值评估证书。2019 年 12 月内蒙古自治区财贸轻纺农牧林水工会为纳尔松酿业有限公司颁发了“职工创新工作室”牌匾。2020 年 10 月经内蒙古农牧业品牌目录评审工作委员会综合评审，“纳尔松”入选内蒙古农牧业品牌目录企业品牌，并颁发了内蒙古农牧业品牌目录证书。同年被内蒙古自治区农牧厅评为“农牧业产业化重点龙头企业”；被内蒙古自治区发展和改革委员会评为“诚信示范企业”，并获得乌兰察布市五一劳动奖章等奖项。

十、内蒙古香莜牛牛食品有限公司

内蒙古香莜牛牛食品有限公司成立于 2016 年，位于内蒙古乌兰察布市兴和县境内，是一家集纯天然燕麦种植、燕麦食品、饮品以及药食同源的研发、生产、推广于一体的新型企业。公司拥有国内外先进生产设备，与中国食品协会等国内 7 所研究院校建立了长期战略合作伙伴的关系，从而夯实了公司产品的技术基础。目前已经建有 6 000 亩的生态自建燕麦农场基地，并且获得了国家颁发的“有机转换认证证书”。

经过公司 8 年的悉心研究，利用自主研发的特制设备以及特殊工艺生产的燕麦米稀，把燕麦中人体吸收不了的长链条 α－葡聚糖，绝大部分转变成为人体容易吸收的短链条 β－葡聚糖。经过院士推介由陕西科仪阳光检测技术服务公司检测，该公司生产的燕麦米稀 β－葡聚糖含量高达 11.5%，而其他燕麦产品，如燕麦胚芽米、燕麦片、燕麦米 β－葡聚糖含量仅为 3.65% ～ 4.2%。公司生产的燕麦米稀，燕麦冲调产品市场火爆、反响强烈，产品对调节血糖、调节血脂效果显著。燕麦米稀也获得以下殊荣：农业部农产品地理标志、内蒙古农牧业品牌目录区域公用品牌、乌兰察布市绿色产业发展中心推荐——原味乌兰察布系列产品。

该公司致力于打造成全国燕麦全产业链健康产业科技开发及深加工科技含量高的生产加工输出基地核心区。创建国家级燕麦科学研究院及全国绿色有机燕麦原料基地，园区建设按照国家 4A 级旅游景区建设，民族文化特色与燕麦文化相结合方式进行设计，把旅游—购物—旅游的良性循环体系体现在园区花园式工厂，将乌兰察布市“牛羊乳、麦菜薯”主导产业与周边旅游景点结合起来，进而拉动乌兰察布市主导产业发展。

十一、内蒙古正时生态农业（集团）有限公司

内蒙古正时生态农业（集团）有限公司是一家集牧草种植、生产、加工、贸易、服务及草种选育、扩繁、营养研究为一体的现代化农业企业，为国内牧草产业头部企业，内蒙古自治区农牧业产业化龙头企业，自治区首批饲草产业化联合体，也是内蒙古草业协会会长单位。目前集团下设 8 家种植公司，总种植面积约 11.3 万亩。

内蒙古正时草业有限责任公司是内蒙古正时生态农业（集团）有限公司下设鄂尔多斯市的全资子公司，公司成立于 2014 年 9 月 26 日，注册资金 2 000 万元。负责正时生态农业位于达拉特旗吉格斯太镇、展旦召苏木 1 ～ 3 号农场的生产经营、草颗粒加工及贸易服务业务，总种植面积 3.3

万亩，为鄂尔多斯市种植规模最大，生产体系最完善的饲用牧草种植加工企业，现基地种植产品有紫花苜蓿、青贮玉米、燕麦、羊草等优质牧草。正时草业采用世界最先进的现代化设备进行农机作业，人均作业面积达千亩以上，为合作伙伴提供一站式、优质、充足的生产原料及技术供应。并运用国际先进的 7S 管理标准，进行精细选种、田间管理、水肥配合、精准收获、批批检测、全程跟踪的精确化生产模式。为农户、农企、合作社提供从土地整理、播种、施肥到收获全过程服务，适应大面积集中连片高效率作业，为牧草品质提供最终的保障。现公司同兰天牧业、海高牧业、璞瑞牧业、骑士牧业等专业化牧场在草畜一体化等方面达成长期战略合作，为推进达拉特旗奶业高质量发展而共同努力。

第二节　内蒙古藜麦龙头企业介绍

一、中藜高科（北京）科技有限公司

中藜高科（北京）科技有限公司成立于 2021 年 11 月 5 日，经营范围包括一般项目：食用农产品零售，谷物销售，食品销售（仅销售预包装食品），豆类种植，薯类种植，豆及薯类销售，谷物种植，农作物栽培服务，粮油仓储服务，农业机械服务，农作物种子经营。

赤峰地区主要进行藜麦种植、生产、深加工等业务。企业对科技支撑需求主要是符合赤峰地区生产种植的藜麦品种，要求生育期短、株高适宜、抗倒伏、适宜密植、产量高、千粒重大等特征特性。技术服务主要需要病虫害防控技术指导。

中藜高科助力赤峰市加快建设杂粮等农业全产业链发展中心，优化农业产业全面布局，在生产特色优质农副产品的同时增加农民收益，全力推动全区农业实现高质量发展。联合赤峰市翁牛特旗开展藜麦特色产业发展，建立中藜爱科（翁牛特旗）种业科技有限公司。2022 年开始在翁牛特旗流转土地 2 万亩，年培训农户 500 余人次，带动地方产业发展，提高农民种植积极性。翁牛特旗与中黎爱科（翁牛特旗）种业科技有限公司计划进一步开展藜麦种子基地、种植基地和深加工基地项目，带动地方经济发展。翁牛特旗与中藜爱科（翁牛特旗）种业科技有限公司的合作发展作为中藜高科在赤峰市藜麦产业发展的标杆，起着积极的示范作用。赤峰市克什克腾旗以及松山区在 2023 年也将进一步开展与中藜高科的合作。

二、内蒙古谷农农牧业有限公司

内蒙古谷农农牧业有限公司成立于2019年，在内蒙古呼和浩特市武川县西北部丘陵地区西乌兰不浪镇种植藜麦。公司以“藜麦育种＋基地＋合作社＋农户加工销售”为基本运营模式；已带动西乌兰不浪镇种植藜麦面积逐年翻倍，现已达到种植面积53 000多亩，极大地推动了当地藜麦产业的快速发展。种植面积已占全国总面积的45%左右，成为全国藜麦原粮的最大产基地。公司自有藜麦加工厂一处占地面积15亩。厂区主要包括原粮清理及烘干区、原粮生产加工区、仓储区、深加工区配套服务四大功能区。藜麦原粮清理及烘干日产200 t、藜麦成品米年产能10 000 t。

未来，公司以“成为天然高原藜麦提供者”为企业愿景，以“用健康之路做放心之品”为企业使命，以打造天然的种植基地，健康的藜麦产品、带动农牧业产业化、带动周边农牧民致富。

三、内蒙古新农购电子商务有限公司

内蒙古新农购电子商务有限公司成立于2017年，位于武川县金三角开发区，主要经营藜麦、燕麦、土豆等武川特色农产品的加工、销售，着力于连接武川农村和市场，搭建武川特色农产品线上销售平台。公司成立6年多来，以“从农民中来，到农民中去”为发展理念，在不断发展壮大的同时，积极履行社会责任，通过网络平台连接农村资源，加强建设“互联网＋农村”的发展模式，服务农村经济发展，与农户建立紧密的联结关系，扩大了武川县农产品的销售，帮助了本地农户增收致富，同时为社会提供了大量优质、健康、绿色的农副产品。2020年9月，公司被呼和浩特市农牧局授予市级龙头企业称号。目前，公司在武川县西乌兰不浪镇种植藜麦2 000多亩，带动周边农民种植藜麦10 000多亩，种植及加工规模逐年扩大。公司计划在未来几年内，稳步发展，逐渐拓宽销售渠道，将农村与市场继续紧密结合，更好地助力乡村振兴，让武川县优质绿色的特色农产品，乘上网络的“快车”，到达千家万户的餐桌。

第七章

内蒙古燕麦藜麦
产业发展趋势与建议

第一节　发展趋势

杂粮杂豆产业被列入内蒙古“十四五”13 个农牧业优势特色产业集群规划建设之中，推动内蒙古杂粮产业健康发展。在确保国家粮食安全的大背景下，燕麦藜麦主要种植在冷凉、干旱、盐碱、瘠薄的自然生态条件差，不宜种植玉米、大豆、水稻等大作物的区域，被作为种植结构调整作物。另外，内蒙古盐碱地 1.72 亿亩，其中盐碱地面积占全区总耕地面积的 9% 以上，2023 年内蒙古成为国家盐碱地等耕地后备资源综合利用试点省区；同时内蒙古是畜牧业大省，饲料饲草需求量大，而燕麦藜麦等具有耐盐碱特性且为粮饲兼用作物，既可以改良利用盐碱地又可以生产饲草，促进区域畜牧业发展。内蒙古拥有 1.7 亿多亩耕地，旱地占 50.67%，因此燕麦藜麦种植面积具有较大的发展空间。同时，燕麦藜麦具有较高的营养价值，其产品被认定为健康食品，随着人民生活水平的提高和健康意识的增强，燕麦藜麦相关产品被不断挖掘，消费量也将不断增加。从健康食品的需求角度来说，根据糖尿病、心血管疾病、亚健康人数来进行估算，这些人群燕麦的消费量将达到 500 万 t，内蒙古种植面积占全国燕麦种植面积的大约 1/4，按此估算内蒙古需要生产 170 万 t 燕麦，目前只生产了 30 万 t，种植面积需要达到 1 100 万亩才能满足对燕麦食用的需要。因此，燕麦藜麦具有很大的发展空间。

第二节　产业发展的建议

一、健全良种繁育推广体系加快种子产业化

引进具有一定实力的种业企业或培育提升现有龙头企业的良种繁育推广能力，通过产学研合作及自主创新，逐步提高种子企业的竞争能力。加大种子基地建设政策扶持力度，强化市场管理和监督，严厉打击制售假劣种子、侵害农民利益等违法行为，加大新品种的繁殖推广力度，加速种子产业化。

二、加强技术创新与推广提高燕麦藜麦生产水平

强化区内与国内外科研院校、企业燕麦藜麦科研团队协作，提升科研育种水平，充分利用现代生物技术，在种质资源利用、育种技术、专用新品种培育、转基因种子研发、产业配套技术等方面加快创新，加强高产、多抗、优质新品种选育的研发力量，提高品种选育的速度和效率，重视抗旱、耐寒、抗逆性强的早熟品种的培育。针对不同生态区研发推广旱地优质高产品种、水浇地优质抗倒品种及配套栽培技术，加强燕麦藜麦与豆科作物轮作、土壤培肥和绿色生产等方面的研究，研发适宜燕麦藜麦高效生产及配套的播种机、收割机、脱粒机等艺机一体化技术，提高生产水平，增强燕麦藜麦产业综合竞争力。

三、提高深加工水平建立农企利益联结机制

加强“产、学、研”结合的科技研发，引入新产品、新技术、新项目，建立高科技含量的分级包装、加工生产线，提升产品附加值。引导龙头企业与合作社、农户建立利益共享、风险共担的紧密合作关系。建立企业、农户“利益共享、风险共担”的新机制。进一步完善市场营销手段，推行产销衔接订单生产，实现燕麦藜麦生产、加工的规模化、产业化和集团化，提升产业整体竞争力。

四、发力品牌创建推动产业升级

充分挖掘资源优势，突出特色，将我区独特的文化融入品牌建设，提升品牌价值。支持企业、合作社等争创国家级和省级品牌。以“蒙字标”为引领，培育区域公用品牌和地理标志品牌，提升老品牌，打造燕麦藜麦产业绿色品牌集群，实现全产业链增值增效，实现优质优价，提高产业效益，创立当地品牌。

五、加大政策扶持力度促进产业高质量发展

切实树立大食物观，将发展优质高效燕麦藜麦种植纳入粮食安全的重要内容组织实施。相关部门加大农业相关政策扶持力度，改善基础设施条件和加大农业补贴力度。增加政策性农业保险扶持力度，降低燕麦藜麦种植风险，稳定种植效益，促进燕麦藜麦产业高质量发展。